HAMBURGER ROMANISTISCHE STUDIEN

Herausgegeben vom Romanischen Seminar
der Universität Hamburg

B. IBERO-AMERIKANISCHE REIHE

(Fortsetzung der „Ibero-amerikanischen Studien")

Herausgegeben von Hans Flasche und Rudolf Grossmann

Band 42

= CALDERONIANA – Herausgegeben von Hans Flasche

Band 13

1979

Walter de Gruyter · Berlin · New York

HACIA CALDERON

CUARTO COLOQUIO ANGLOGERMANO
WOLFENBÜTTEL 1975

Ponencias publicadas por
HANS FLASCHE
KARL-HERMANN KÖRNER
HANS MATTAUCH

1979
Walter de Gruyter · Berlin · New York

Gedruckt mit Unterstützung der Stiftung Volkswagenwerk

CIP-Kurztitelaufnahme der Deutschen Bibliothek

Hacia Calderon : ponencias / publ. por Hans Flasche . . . –
Berlin, New York : de Gruyter.
Teilw. mit d. Erscheinungsort: Berlin.

NE: Flasche, Hans [Hrsg.]

Cuarto Coloquio Anglogermano : Wolfenbüttel 1975. – 1979.
(Hamburger romanistische Studien : B, Ibero-amerikan. Reihe ;
Bd. 42 : Calderoniana ; Bd. 13)
ISBN 3-11-006849-4

NE: Coloquio Anglogermano ⟨04, 1975, Wolfenbüttel⟩

Printed in Germany.
Satz und Druck: Walter de Gruyter & Co., Berlin · Einband: Thomas Fuhrmann KG, Berlin.

A Manera de Prólogo

En 1973 tuvo lugar en Londres el Tercer Coloquio Anglo-germano sobre Calderón. Las conferencias allí pronunciadas han sido publicadas en el Décimo Volumen de la serie« Calderoniana » con el título « Hacia Calderón ». En Londres se acordó celebrar en Alemania el Cuarto Coloquio, habiéndose sugerido en Exeter (Primer Coloquio, 1969) la idea de que este Congreso Calderoniano Anglo-germano, ya existente, fuera convertido, en el futuro, en una institución internacional permanente, con la asistencia y colaboración de investigadores de otros países.

El Cuarto Coloquio tuvo lugar del 15 al 17 de Julio de 1975 en Wolfenbüttel, y las comunicaciones allí presentadas hallaron resonancia no sólo en los círculos de los especializados en estos estudios, sino también despertaron vivo interés en el mundo científico y en el ámbito informativo general. Nuestra intención ha sido publicarlas ya antes de que se celebrara el Quinto Coloquio en Oxford (1978). Una serie de problemas y dificultades imprevistos no hicieron posible su aparición en la fecha deseada, en un volumen correspondiente al mismo título « Hacia Calderón ».

Los organizadores del coloquio celebrado en Wolfenbüttel (Karl-Hermann Körner y Hans Mattauch) pueden sentirse muy satisfechos por la impresión de las ponencias dadas en el Cuarto Congreso Anglo-germano. No podemos dejar de recalcar que sin el decidido apoyo de los profesores Körner y Mattauch que no omitieron sacrificio para confeccionar dos índices (índice onomástico – índice de las obras calderonianas) este volumen no habría podido ofrecerse a los calderonistas en tan cuidadosa presentación.

Quisieramos agradecer aquí muy cordialmente a los donantes que han hecho posible la publicación de los estudios que aparecen reunidos en el Décimo Tercero Volumen de la serie « Calderoniana ». El « Braunschweiger Hochschulbund » y la « Rudolf Siedersleben'sche Otto Wolff-Stiftung » han ofrecido los medios para cubrir algunos gastos especiales muy necesarios.

Confiamos en que las comunicaciones presentadas en el Quinto Coloquio (Oxford 1978) saldrán a la luz lo antes posible y además que dentro de dos años tendrá lugar en Alemania el Sexto Coloquio Calderoniano. Con referencia al acuerdo mencionado arriba de dar carácter permanente a la celebración de Coloquios Calderonianos y teniendo en cuenta los numerosos y candentes problemas que suscita el estudio de la imponente obra calderoniana, los hispanistas ingleses y alemanes han considerado oportuno organizar el Sexto Coloquio en Würzburg, en 1981, para conmemorar el tercer centenario de la muerte de Don Pedro Calderón de la Barca.

Hans Flasche

Índice

Los lances calderonianos: su singularidad

Por Charles V. Aubrun

Calderón da el nombre de lances a los engranajes entre las situaciones dramáticas, necesarios para poner en marcha la mecánica de la comedia. En *El mágico prodigioso* (II, 14)[1] habla de « los peligrosos lances ». Califica a la fatal sangría de doña Mencía en *El médico de su honra* de « lance forzoso ». En *No hay burlas con el amor* (III) los rivales acumulan lances (« lances de competidor ») o los previenen (« prevenir lances »).

El lance es parte integrante del espectáculo. Viene acompañado de ruidos, de cambios repentinos de luz o de atmósfera, de interjecciones y de exclamaciones con pocas palabras. Provoca mutaciones sorprendentes en las relaciones entre los personajes y en sus actitudes ante el problema planteado. Gracias al lance (compárese el francés « relance ») rebota la acción y toma un nuevo impulso. Por ejemplo, en *Mañanas de abril y mayo* (II, 13 y 15), un lance, calificado de cruel, había quitado todas sus esperanzas al galán. El gracioso exclama:

> Y si el galán y la dama
> están ya desengañados
> aquí acaba la comedia.

Pues bien, para que ésta no acabe antes de cumplir sus tres mil versos, surge otro lance a principios del acto III.

Muy consciente de su habilidad técnica, Calderón hace alarde de su virtuosismo. No vacila en exponer ante el público la mecánica de su pieza. Le invita a no caer en la ilusión cómica, a no confundir realidad y ficción. Usa de los efectos más chocantes de la distanciación. Hasta se burla de los espectadores que toman en serio lo que pasa en las tablas. En las palabras finales de *Eco y Narciso,* el gracioso Bato (es decir un batueco ordinario), comentando la metamorfosis del joven en una flor, exclama: « ¿ Habrá bobos que lo crean ? » Un gracioso, en *Mañanas de abril* (III, 5) invita a otro a no intervenir en el enredo y a cuidar más bien de las rimas de los versos que pronuncia: « Ya le he dicho que se meta / en juntar sus consonantes ». A principios de *No hay burlas,* Inés se vuelve hacia el público que presenció sus maniobras: « Nadie de ustedes lo diga, / que les cargo la conciencia ». En la misma comedia (II, 13) y hablando de la pieza, don Alonso se pregunta:

---

[1] Citamos según la edición en cuatro volúmenes (con las jornadas divididas en escenas) que prologó Menéndez y Pelayo.

¿ Es comedia de don Pedro
Calderón donde ha de haber
por fuerza amante escondido
o rebozada mujer ?

Así es como el lance, siendo accidente inesperado, implica una distanciación con la comedia tanto de parte del autor como de parte de los espectadores.

En ese truco escénico, la verosimilitud es lo de menos. En las tablas se puede ocultar una dama tapándose con su manto; en la calle, no:

Que persuadirse que puede
estar segura una dama
solamente con taparse,
es bueno para la farsa
mas no para sucedido.

Para algunos lances se acude a los medios tradicionales: disfraces, errores sobre la identidad del personaje, aposentos interiores sin salida, tabiques móviles, casa con dos puertas, cortinas y escondrijos, noche oscura o luces apagadas, rebozos con capa o manto, espadas que hieren o no según el juego del actor, en suma todos los recursos que ofrecen al dramaturgo los tramoyistas del escenario.

Hay lance que para justificarse el mismo autor atribuye a la fortuna ciega. En *La dama duende* (III, 14) dice don Manuel: « Hidras parecen las desdichas mías / al renacer de sus cenizas frías ». Y doña Angela, dama no menos infeliz, exclama: « ¡ Cómo eslabona el cielo nuestros males ! » Ese cielo de las desdichas es el del *Deus ex machina*. Cuando no interviene el oportuno azar interviene el personaje: « Hombres y hembras así / unos a otros se engañan ». En *Mañanas de abril* (III, 14), don Hipólito se siente maniobrado por una dueña, « una mujer tramoyera ». Tramoyista y tramoyero, todo es uno. Papel importante en el lance lo juegan las dueñas y los graciosos, instrumentos imprescindibles del comediógrafo.

Eres tan dueña que puedes
servir desde aquí en adelante
de molde de vaciar dueñas *(ibidem)*.

El lance puede perturbar la conciencia que tienen los personajes de sí mismos. Por ejemplo empiezan por afirmarse Lisardo y Félix en *Casa de dos puertas* (III, 16): « Sabéis quien soy ». « También sabéis quien soy ». Surge el lance y pierden uno y otro su aplomo y hasta su noble sosiego. En *Mañanas de abril* (II, 10) hasta tambolean los galanes. Dice don Juan:

Yo no sé lo que hiciera
si vos, don Pedro, fuera,
en un caso tan nuevo . . . ¿ Qué queréis ?.

Don Pedro le contesta: « No lo sé ». Replica don Juan: « Ni yo tampoco . . . Y ya que el lance llegó, no sé qué hacerme ». Desde luego, un gracioso pierde del todo su identidad. En *El mágico prodigioso* (III, 14) Clarín exclama: « Aun quien soy creo que dudo ».

Son trucos que valen en todas las clases de la comedia. Pero existe otro tipo de lances propio de las tragicomedias. Al dios comodín que tanto se parece a un artífice experto en el arte de hacer comedias, se sustituye a veces un poder metadramático que usa de los personajes como portavoz de la sabiduría y de la justicia divinas y les impone una función fuera de la que tienen dentro de la comedia, aprovechando su « impacto » sobre la mente del público. El lance « metafísico » tiende a asimilar espectadores y los seres de ficción: unos y otros representan un papel más o menos efímero en las tablas o en el gran teatro del mundo, unos y otros van sometidos a una providencia que da un sentido a sus actos como a sus palabras, un sentido que ha de descifrar el auditorio del corral o el inmenso auditorio de la comunidad humana.

Hay una serie muy densa de ese tipo de lances metadramáticos, inspirados al poeta creador por otra cosa que el respeto a las leyes y convenciones de la dramaturgia, en la tercera jornada del *Mágico prodigioso.* Gracias a esos lances la comedia adquiere una « significancia » (un poder o potencialidad de sentidos) espiritual fuera de su « significación » estrechamente moral y profana, de su sentido secular.

> Cantan dentro. Una voz: « ¿ Cuál es la gloria mayor / desta vida ? ». Coro: « Amor, Amor » . . . Justina asombrada e inquieta: « Pesada imaginación / ¿ Cuál es la causa en rigor / deste fuego, deste ardor / que en mí por instantes crece ? » . . . El demonio: « Ven ». Justina: « ¿ Quién eres tú ? . . . ¿ Eres monstruo que ha formado / mi confuso desvarío ? » . . . Justina: « ¿ Visteis un hombre, ay de mí, / que ahora salió de aquí ? » . . . Livia: « No, señora » . . . Lisandro: « ¿ Cómo puede ser, si ha estado / todo este cuarto cerrado ? . . . Formado de tu fantasía / el hombre debió de ser / que tu gran melancolía / lo supo formar y hacer / de los átomos del día » . . . Cipriano, trayendo abrazada la figura fantástica de Justina: « Ya bellísima Justina / . . . el alma me cuestas ». Descúbrela y ve un esqueleto: « Un yerto cadáver mudo / entre sus brazos me espera » . . . El demonio: « En mi poder / tu firma está » . . .Cipriano saca la espada, tírale al demonio y no lo encuentra.

¿ Son sobrenaturales esos lances ? Van fundados en los yerros muy naturales de nuestros sentidos y sobre los fenómenos no menos naturales de la obsesión y de la alucinación. Por eso alternan en la tragicomedia los lances propiamente dramáticos, es decir los del *Deus ex machina*, con los lances mentales o metafísicos, como las apariciones o la música que parece bajar del cielo y no de entre bastidores. Por ejemplo, el mismo Cipriano, en busca del verdadero Dios, se abraza por casualidad y cómicamente con el gracioso Clarín, el cual, conforme a su « empleo » dramático, iba huyendo. También es meramente técnico el lance siguiente: « Descúbrese el cadalso con las cabezas y cuerpos de Justina y Cipriano ». Pues cuando se trata de la muerte física de las personas, y no de la salvación de su alma, basta con una cortina que corre y descubre un cadalso.

La majestad divina oculta tras las bambalinas del gran mundo y del pequeño salón de comedias puede usar también para sus fines objetos como anzuelos para pescar almas, objetos que son también accesorios de teatro. Por ejemplo, la cruz, surgida repetidamente y bajos formas varias, suscita lances metafísicos en *La devoción de la cruz*. Al aparecer material o moralmente a Eusebio, éste experimenta un trastorno total y un cambio repentino en su comportamiento; y vence sus intenciones perversas.

Más curioso aun es el puñal que figura tantas veces en *El mayor monstruo los celos*. Al principio se le presenta como el posible instrumento de la muerte de Mariene de manos de su esposo el Tetrarca.

> Daría muerte
> ese puñal que ahora tienes ceñido
> a lo que más en este mundo amares.

Pero Herodes, a pesar de lo condicional del vaticinio, lo toma en serio, y arroja el puñal por la ventana. Al caer, el acero hiere a Tolomeo a quien traen, bañado en su sangre, al palacio. El Tetrarca recobra su maldito puñal. Para más seguridad, lo da a su tan querida esposa. Mariene no es supersticiosa; se lo devuelve. Pasa el puñal a manos de Otaviano, y otra vez vuelve a Herodes. Luego cae de manos de Mariene y lo recoge su marido. Al fin, en la oscuridad de la noche y sin quererlo, Herodes da con él a Mariene y la mata. La profecía se ha cumplido. Esos lances azarosos y meramente dramáticos enhebran el decurso lógico de la comedia. Pero mezclado entre ellos hay un lance de tipo metadramático que apunta a una interpretación espiritual. Unos soldados habían colgado con descuido un retrato de Mariene encima de una puerta en el palacio. Herodes y Otaviano riñen verbalmente en la sala, en el escenario. Dice la acotación: « Al entrarse Otaviano va a herirle Herodes; cae el retrato en medio de los dos y se queda clavado en él el puñal » (II, 4). El lance parece físico y casual. Enajenado por los celos, el Tetrarca no ve en él un signo y una advertencia: el puñal ha herido no a Mariene sino a su imagen; con el incidente se ha cumplido el vaticinio. Pero Herodes no cree en ese mensaje divino, no cree en un poder que pase el suyo. Ya que Otaviano no se ha dado cuenta de lo ocurrido, piensa que está en salvo: « La vida debo a un puñal ». Y sigue adentrándose en el callejón sin salida de sus celos y de su egocentrismo. ¿ Callejón sin salida ? Es la definición de la tragedia, la tragedia que le está esperando.

A esa segunda categoría de lances extra-terrenales pertenecen también los efectos repentinos movidos por la música oculta entre bastidores. Por cierto, en las comedias de Lope y de Tirso los músicos, con sus cantos populares y su guitarra, llevaban a los protagonistas un mensaje misterioso: *vox populi vox Dei*. Más teólogo, Calderón acude en sus tragicomedias a una música sublime, que se dirige tanto a los espectadores como a los personajes de la comedia, una música globalmente teatral y no estrechamente escénica. Piénsese en los coros de *Eco y Narciso* y de *La estatua de Prometeo*.

El doble desenlace

La misma estructura de la tragicomedia de Calderón está afectada por esa trenza de lances unos escénicos, otros teatrales, unos mecánicos, otros metafísicos. Pues cada hilo, cada serie tiene su desenlace propio, a veces distante del otro de un centenar de versos al fin de la tercera jornada.

Por cierto existía ya el doble desenlace en ciertas obras de Lope y de Tirso. Recordemos a *Peribáñez:* la muerte del comendador es un acto de *Dios* cometido por el campesino ofendido; mucho después el Rey perdona al culpable ante la Corte, ante la *sociedad.* En *El burlador, Dios* usa de una mano de mármol para castigar al perverso embustero. Al llevar la noticia a la Corte, Catalinón, que tiembla, provoca la risa de la Corte; y el Rey con la mayor serenidad remienda con una serie de casamientos los hilos rotos en la red de la *sociedad* por don Juan. La tragedia acaba como una comedia.

Pero, con Calderón, el procedimiento viene a ser sistemático, y tanto monta la lección metafísica como la lección sencillamente moral.

En *La devoción de la cruz* muere despeñado pero no desesperado el rebelde Eusebio: es castigo de *Dios.* Más tarde resucita para recibir la absolución *social* de sus crímenes: buena lección para los espectadores. Mucho antes del fin, en *El mágico prodigioso* logran la gloria *divina* Justina con Cipriano; en el segundo desenlace, el mismo demonio dirige un sermón de teología *moral* al auditorio (« Oid, mortales ») confesando su derrota. En *El príncipe constante,* el primer desenlace viene con la muerte *gloriosa* del infante mártir Fernando, cautivo de los moros; el segundo consiste en la victoria *terrenal* de don Alfonso, rey de Portugal sobre la morisma. En *El mayor monstruo los celos,* la pobre de Mariene muere de manos de su marido el Tetrarca, que no la conoció en la oscuridad: es acto de *Dios,* aprovechado por su Providencia para el triunfo del cristianismo. Más tarde se mata éste, desesperado; y Otaviano saca una lección *moral* importante sobre los abusos cometidos en nombre del honor y de los celos: vale el discurso en particular para los aficionados bobos que creen en la realidad de las ficciones dramáticas (y hoy en el « realismo » del teatro español del siglo de oro). *A secreto agravio secreta venganza* acaba con la muerte *providencial,* de manos del marido, de la mujer y del que podría ser de nuevo su amante. Pero se prolonga el drama con un desenlace *socialmente* significante: el Rey perdona al terrible esposo. En *El alcalde de Zalamea* se eslabona del mismo modo el doble desenlace. Primero muere, de manos de Pedro Crespo, el capitán que le había robado, con la hija, el honor, que es « patrimonio de *Dios* ». Confundía el rústico cristiano viejo la jurisdicción civil, cuyo signo era su vara de alcalde, con la jurisdicción castrense, que hubiera debido juzgar a su modo al alevoso capitán. Más tarde el *Rey* le perdona ese « error ». En *El médico de su honra* muere doña Mencía que, sin quererlo, ofendió el *divino* sacramento del casamiento. Más tarde, el Rey, es decir la *sociedad,* finge ignorar lo sucedido, pues el acto, aunque criminal, era necesario para el mantenimiento del orden *moral.* Pero no deja de condenar al marido asesino por motivos totalmente diferentes; le casa contra su voluntad, con una mujer a quien no quiso, a quien no quiere. *Amar después de la muerte* presenta otro caso-límite. Muere Garcés, el soldado *cristiano* ladrón y asesino, de manos del noble moro don Alvaro Tuzaní: es justicia poética a imitación de la justicia *divina.* Versos más tarde, don Juan de Austria absuelve al criminal, como para definir los derechos de los soldados, aun en guerra contra los infieles. Lo mismo pasa con *La vida es sueño.* Primero viene la victoria del hijo desheredado del reino por su padre; es justicia *divina;* luego viene la reconciliación, imagen de una *sociedad* que vuelve a su equilibrio natural; es justicia temporal.

En la comedia impera tan sólo el lance físico, truco inventado por el autor, el tramoyista y los personajes tramoyeros, todos de acuerdo, para que acabe felizmente un enredillo. En la tragicomedia alternan los trucos del arte con los lances metafísicos. De ahí viene su doble desenlace. El primero de ellos hace temblar al auditorio: el temor es el resorte de la *tragedia*. El segundo satisface a la vez nuestra desordenada naturaleza y nuestra aspiración a una sociedad pacífica, a un orden moral: la catarsis es el fin de la *comedia*. La *tragicomedia* de Calderón responde a los dos motivos.

El médico de su honra: La Cárcel del Honor

Por Gwynne Edwards

La última escena del Acto I de *El médico de su honra* trata de la cuestión del honor. Leonor, abandonada y por eso deshonrada por Gutierre, pide la intervención del Rey Pedro. El Rey interroga a Gutierre, obligándole a que dé cuenta del hecho, y, como consecuencia, Arias llega a implicarse también en el asunto. El y Gutierre están a punto de luchar en nombre del honor, pero el Rey, enfurecido por su comportamiento y falta de respeto en su presencia, manda que se los encarcele. De este modo una cuestión de honor conduce al encarcelamiento de los dos hombres, y las dos cosas – honor, cárcel – están eslabonadas aquí en una forma muy precisa. Quiero sugerir en este estudio que la relación honor-cárcel tiene una importancia fundamental en la obra en general, y que está relacionada íntimamente con su carácter trágico.

El asunto Gutierre-Leonor simboliza hasta cierto punto la obra entera. Gutierre amaba una vez a Leonor y quería casarse con ella:

> Servíla, y mi intento entonces
> casarme con ella fué . . . (841–2)[1]

Más tarde, a pesar de sospechar su infidelidad, Gutierre estaba casi dispuesto a aceptar las explicaciones de Leonor sobre la presencia de un hombre en su casa:

> . . . nunca
> di a mi agravio entera fe . . . (923–4)

Así, pues, las relaciones entre Gutierre y ella estaban basadas al principio en un amor genuino y existía para los dos la posibilidad de una vida alegre. Pero una combinación de temor y desconfianza, nacida de la importancia para ambos individuos del código de honor, llegó a destruir tal posibilidad. Leonor había ocultado temerosamente a Gutierre la verdad acerca de la presencia en su casa de Arias. Gutierre, aunque quisiera fiarse de Leonor, no podía librarse de sus dudas terribles, temiendo un posible escándalo futuro. Su amor y su confianza en Leonor, que hubieran garantizado su felicidad, quedan sacrificados por su temor a la opinión pública, y su libertad para amoldar su vida deshecha por su preocupación constante por el honor.

---

[1] En las páginas siguientes citaré la edición de C. A. Jones, Oxford, 1961.

Gutierre es ya menos que un hombre libre puesto que algo superior a él mismo se apodera de sus acciones y pensamientos[2].

Para Leonor las consecuencias del honor son particularmente adversas. El hecho de ser abandonada por Gutierre ha mancillado su inocencia porque ahora su nombre anda entre lenguas. Además, sus intentos para probar su virtud no sirven sino para hacer su deshonor más público. Su apelación al Rey termina con el encarcelamiento de Gutierre y Arias, ambos unidos, por eso, al nombre de ella. El incidente echa más leña al fuego del escándalo. Al final del Acto I ella habla de su destino:

> . . . .
> ¡ Ay de mí ! mi honor perdí.
> ¡ Ay de mí ! mi muerte hallé. (1019–20)

Leonor es también prisionera del honor porque moldea y gobierna su vida. Ha perdido la posibilidad de felicidad con Gutierre, pero también le han quitado su libertad e independencia, que han llegado a ser, podría decirse, propiedad pública.

Las relaciones de Gutierre y Leonor pertenecen al pasado, pero son en efecto una bola de cristal en que vemos el futuro de Gutierre y Mencía. Por eso el episodio está colocado muy eficazmente al final del Acto I, proyectando su imagen amenazadora sobre el resto de la acción, dando a entender que Mencía es Leonor en un papel más amplio. Así, todo lo que sabemos de Mencía en las primeras escenas del Acto I llega a ser una forma más extensa de lo que sabemos de Leonor, las experiencias de una mujer una duplicación casi exacta de las de la otra. En su primera conversación con Arias Mencía le hace callar abruptamente cuando le habla de tiempos pasados y de Enrique en particular:

> Silencio,
> que importa mucho, don Arias.
> *D. Arias.* ¿ Por qué ?
> *Da. Mencía.* Va mi honor en ello. (106–8)

El temor por su fama y el miedo a su marido le limitan los asuntos de que puede hablar libremente. En la escena siguiente con Enrique, Mencía, siempre consciente del honor, que la atemoriza, aparece cautelosa, defensiva, un contraste total con el abandono apasionado de Enrique, libre de las restricciones de la opinión pública.

---

[2] El tema del honor como una fuerza que limita y oprime la vida de los individuos ha sido discutido recientemente en un estudio importante de Hans-Jörg Neuschäfer, « El triste drama del honor: formas de crítica ideológica en el teatro de honor de Calderón », *Hacia Calderón: Segundo Coloquio Anglogermano, Hamburgo 1970,* (Berlin, 1973), 89–108. Para otros críticos también Calderón presenta aquí una condenación del código de honor. Véanse en particular los estudios de E. M. Wilson, « Gerald Brenan's Calderón », *Bulletin of the Comediantes,* IV (1952), 6–8, y de P. N. Dunn, « Honour and the Christian Background in Calderón », *Bulletin of Hispanic Studies,* XXXVII (1960), 75–105, publicado también en *Critical Essays on the Theatre of Calderón,* ed. B. W. Wardropper, New York, 1965, 24–60. Parece curioso ahora que algunos críticos hayan interpretado *El médico* como una representación casi documental de la realidad – véase, por ejemplo, A. Valbuena Briones, *Calderón de la Barca: Dramas de honor,* vol. I, Madrid, 1965, XI–CIV.

El primer soliloquio de Mencía (121–154) revela perfectamente su sensación de aislamiento y su falta de libertad emocional a causa del honor. Tiene que reprimir todos sus sentimientos íntimos. No se atreve a revelar sus pensamientos. Ni siquiera tiene libertad para sentir. Toda su vida es en realidad un sufrimiento silencioso[3]:

¡ Viva callando, pues callando muero ! (154)

Más tarde, con Jacinta su criada, Mencía habla amargamente de la tiranía de su padre cuando la obligó a casarse con Gutierre, y dice que la tiranía de un padre se ha convertido en la de un marido:

. . . mi padre atropella
la libertad que hubo en mí.
La mano a Gutierre di,
volvió Enrique; y en rigor,
tuve amor, y tengo honor. (569–73)

Las obligaciones de honor, como las concibe Gutierre y otros como él, significan para una mujer casada un encarcelamiento total. No hay rejas, ni puertas cerradas, pero hay un temor constante, y una preocupación obsesiva en cuanto al honor que limita, reprime y manipula todos los sentimientos, pensamientos y acciones. Mencía en su casa de campo con el jardín tapiado está tan aislada, emocionalmente aunque no físicamente, como cualquier prisionera. Además, la primera conversación privada que tiene con Gutierre revela el aislamiento que existe entre los dos. En esta escena ella está llena de vigor, ciertamente no acobardada. Pero no dice nada de su amistad anterior con Enrique porque su temor a su marido pesa más en ella que las atenciones del príncipe. Hay entre Mencía y Gutierre un silencio total sobre el asunto que más afecta a los dos, una falta de comunicación que más tarde será fatal. En este sentido también el honor rige la vida de Mencía. Hacia la mitad del Acto I tenemos una impresión clara de hasta qué punto su vida es negativa, ensombrecida por el honor. Al final del Acto I el conocimiento que tenemos del destino de Leonor nos permite prever el futuro de Mencía.

Aún en el Acto I Mencía, atrapada en el mundo rígido del honor, nos hace sentir por ella una profunda compasión. La acentua el conocimiento de sus obvias cualidades, y de la oportunidad de felicidad que en otras circunstancias habría tenido. Ella tiene, por ejemplo, una belleza capaz de atraer a un príncipe, una gran capacidad de sentimiento en su amor por Enrique y ahora por Gutierre:

y venid todas conmigo
a divertir pesadumbres
de la ausencia de Gutierre . . . (II. 33–5)

Gutierre también tiene sus propias virtudes. Al principio de la obra trata a Enrique con el debido respeto, y manifiesta su lealtad al Rey Pedro. Más tarde, interrogado

---

[3] La importancia del silencio en la obra ha sido analizada por D. Rogers, « 'Tienen los celos pasos de ladrones': Silence in Calderón's *El médico de su honra* », *Hispanic Review*, XXXIII (1965), 273–89.

por el Rey en cuanto a Leonor, no está dispuesto a perjudicarla. Forzado finalmente a decir la verdad, es evidente que se había comportado con prudencia y cuidado antes de abandonarla. Hay mucho, ahora y más tarde, para sugerir que Gutierre es en general un hombre de integridad y altos principios, sensato, no inclinado a comportarse de una manera precipitada. Además, Gutierre siente un amor profundo y verdadero por Mencía. Hacia la mitad del Acto I habla de su amor en términos algo extravagantes que ella rechaza como pura adulación (520–44). El final del Acto sugiere, sin embargo, que ella le hace una injusticia:

[(*Ap.*)] No siento en desdicha tal
ver riguroso y cruel
al Rey; sólo siento que hoy,
Mencía, no te he de ver. (997–1000)

Cuando el amor se expone un poco después a un conflicto de honor, queda siempre en el centro del conflicto, y en la última carta de Gutierre a su mujer logra una expresión fuerte. Así, como en el caso anterior de Leonor, existe para Mencía y Gutierre la posibilidad de un futuro feliz. Los valores positivos del amor y honor constituyen una base dentro de la cual las relaciones humanas pueden crecer y florecer sin limitaciones. En los Actos II y III se ve claramente la erosión gradual de todo lo positivo bajo la influencia opresiva y constante del honor. Para Mencía y Gutierre la tragedia es que, como seres humanos, sus relaciones llegan a ser más y más difíciles, sus virtudes distorsionadas y destruidas, y se les niega finalmente la libertad de actuar independientemente.

La escena primera del Acto II es decisiva. Durante el desarrollo de la misma, Mencía está dominada por el temor: de la presencia de Enrique; de la llegada inesperada de Gutierre; del puñal oculto debajo de la capa de éste. En cuanto a él, el descubrimiento del puñal en una habitación de su casa le incita una sospecha repentina y un temor terrible por su honor, y a la luz de esto la agitación de Mencía le parece un indicio de su culpa. En una situación que sobre todo exige frialdad y juicio, Mencía manifiesta ese temor que ha llegado a ser una parte íntima de su vida con Gutierre. Él, propenso a la sospecha, interpreta la realidad bajo la luz de sus obsesiones, se agarra al primer fragmento de evidencia, tiene miedo, y cree que existe la culpa donde en verdad no hay ninguna. Los dos individuos reaccionan hacia las presiones de las circunstancias que les enfrentan en una forma que sugiere que son prisioneros tanto de sus emociones como de los acontecimientos. Llegan a ser continuamente impotentes para controlar los acontecimientos porque su propia naturaleza hace que estos les controlan, consolidando características, emociones y creencias existentes, haciendo más y más difícil el librarse de una forma particular de sentir y pensar. El aislamiento de Mencía en el Acto I llega ahora a ser el de Gutierre también. Marido y mujer están aislados dentro de sí y también él de ella. Es un proceso insidioso y particularmente terrible porque los personajes ignoran lo que les sucede.

La razón y la lógica, en sí parte importante de la naturaleza de Gutierre y prominente entre sus virtudes, combaten la sospecha y, en un soliloquio importante en el Acto II, presentan la alternativa positiva al temor irracional. ¿No mencionó

Mencía al intruso ? ¿ Lo habría hecho si fuera culpable ? La presencia de un hombre no significa necesariamente la culpabilidad de ella. ¿ No podían haber otras espadas como la de Enrique ? Y, finalmente, ¿ no es la virtud de Mencía suficiente confirmación de su inocencia ? Gutierre, con un impresionante uso de lógica resuelve su conflicto interior:

Y así acortemos discursos,
pues todos juntos se cierran
en que Mencía es quien es,
y soy quien soy; no hay quien pueda
borrar de tanto esplendor
la hermosura y la pureza. (II. 627–32)

Pero la razón misma es engañosa. Presenta una conclusión solamente para sugerir inmediatamente su falta de solidez:

Pero sí puede, mal digo;
que al sol una nube negra,
si no le mancha, le turba,
si no le eclipsa, le hiela. (II. 633–36)

Gutierre está atrapado en los peligrosos remolinos de su propio razonamiento que cierra una puerta solamente para abrir otra. Porque aunque la razón parece serle útil, no excluye la duda. En realidad, fomentar la duda es parte del proceso racional. Y la duda es el peor enemigo de Gutierre. Para disiparla decide investigar más, un método de acción que parece sensato y prudente. Pero si, por una parte, Gutierre evita los peligros de la acción precipitada, el plan adoptado exige, por otra parte, que no comunique sus pensamientos a nadie, especialmente no a Mencía, y, segundo, que ejecute todo secretamente, ocultando su auténtica angustia, asumiendo un aire de alegría. Por fin Gutierre se aisla más dentro de sí mismo y de Mencía. Y en este aislamiento y silencio interior, esta cárcel en que se encierra persistentemente, discutiendo el pro y contra de la inocencia de Mencía, no puede borrar la horrible visión inducida por sus temores:

. . . ¿ Celos dije ?
¡ Qué mal hice ! Vuelva, vuelva
al pecho la voz; mas no,
que si es ponzoña que engendra
mi pecho, si no me dió
la muerte, ¡ ay de mi !, al verterla,
al volverla a mí podrá . . . (II. 677–83)

Anda ahora a lo largo de ese solitario camino dictado por el honor, acompañado en su soledad por las voces alternativas de la razón y la duda.

En ninguna parte está mejor reflejado que en la última escena del Acto II. Gutierre llega a casa, ve a Mencía durmiendo pacíficamente, sola, y decide que todo va bien:

Volverme otra vez quiero.
Bueno he hallado mi honor, hacer no quiero
por agora otra cura . . . (II. 879–81)

La razón le pone delante la verdad: la realidad de la inocencia de Mencía. Y su instinto, como en el caso previo de Leonor, le incita a aceptar lo que ve. Pero de nuevo una duda terrible le acomete:

> ¿ Pero ni una criada
> la acompaña ? ¿ Si acaso retirada
> aguarda . . . ? ¡ O pensamiento
> injusto ! ¡ O vil temor ! ¡ O infame aliento ! (II. 883–6)

Gutierre protesta contra el peso y la tiranía del temor que le oprime. Las opuestas armas de la razón y la esperanza, de la duda y de la desesperación le zarandean de un lado a otro. La primera contestación de Mencía a su llamada parece absolverla de la culpa, y él se agarra a la prueba aparente de su inocencia. Pero entonces, al aludir ella a Enrique, a su previa visita, y al hecho de ocultárselo a Gutierre, derriba el optimismo que crece en él y confirma sus más terribles sospechas.

Es importante aquí comprender hasta qué punto el mismo Gutierre crea la culpabilidad de Mencía. El ocultar ella a Enrique, al principio del Acto II, estaba basado en el temor que tenía a Gutierre, una expresión no de su culpabilidad sino de su desesperación[4]. Si un poco después la agitación de Mencía parece a Gutierre una muestra de la culpabilidad de su mujer, él es en cierto sentido el arquitecto de ella. Ahora, en la escena del jardín él mismo crea las circunstancias en que Mencía se condena a sí misma. Él llega inesperadamente, sin avisarla. Disimula la voz para llamarla. En suma, Gutierre crea de nuevo las circunstancias de la primera visita de Enrique a Mencía. Las reacciones de ella a estas circunstancias son, vistas objetivamente, completamente espontáneas, y de ninguna forma acusadoras: un eco claro, en realidad, de las protestas de Mencía a Enrique en la primera ocasión. Ella le rechaza ahora, como entonces. Pero Gutierre, desconociendo los detalles del primer encuentro, interpreta sus palabras como prueba de una pre-concebida entrevista, y ve la alusión que hace al pasado encuentro como evidencia de una calculada decepción de él mismo. La escena es muy impresionante porque lo que no tiene ni malicia ni mala intención lo adquiere en un contexto particular. Es Gutierre quien proporciona ese contexto. Como un director de teatro controla la acción, da a Mencía la palabra clave a la que ella responde, y manipula la escena en el verdadero sentido de la palabra. Pero como sabemos, él está también manipulado por sus propias dudas y temores, no menos controlado por ellos que Mencía por él, como lo prueba perfectamente el final del Acto. Gutierre, para ocultar a Mencía el conocimiento que tiene de su culpabilidad, finge alegría cuando aparece en la puerta principal de la casa. Ella, llena de miedo en la escena del jardín, le da la bienvenida, sin duda tran-

---

[4] Para A. A. Parker el comportamiento de Mencía es « imprudente » y la catástrofe es, por eso, la consequencia de su propia imprudencia y de la de otros personajes – o sea, la justicia poética. Véase A. A. Parker, « *El médico de su honra* as Tragedy », *Hispanófila*, 2 (1975), 3–23. Yo creo que Mencía se comporta en la única manera posible en tal situación, con más desesperación que imprudencia; es decir, si al emplear la palabra « imprudente » Parker quiere sugerir que Mencía podía haberse comportado de un modo « prudente », teniendo en cuenta todas las posibilidades y repercusiones de sus acciones.

quilizada por su llegada. Pero Gutierre ve en sus palabras no una expresión de sus sentimientos genuinos sino una prueba de su hipocresía;

[(*Ap.*)] ¡ Qué fingidos extremos ! (II. 965)

En el Acto III el Rey Pedro pregunta a Gutierre la naturaleza de su evidencia de la culpabilidad de Mencía. Él contesta:

Nada: que hombres como yo
no ven; basta que imaginen . . . (III. 79–80)

En otras palabras, para Gutierre, como para muchos otros personajes de Calderón, hay un abismo entre la realidad y la interpretación de la misma. En este sentido él es un auténtico prisionero, porque su interpretación de los acontecimientos externos causa dos cosas: le aisla más y más de la misma realidad, creando una barrera entre él y el mundo que le rodea; segundo, le aisla totalmente, en cuanto a la comprensión y comunicación, de la mujer que ama. Buscando poder probar la inocencia de Mencía, Gutierre ha maquinado su culpabilidad.

En el Acto III vemos a Gutierre todavía procurando hallar una solución. Va al Rey, mencionando a Enrique como el peligro que amenaza su honor, solicitando la intervención del Rey para evitar una catástrofe. Una vez más la prudencia de Gutierre no deja una piedra sin levantar para preservar su honor. Pero los acontecimientos producen un efecto en contra de él, y finalmente tiene que llevar a cabo, sin poder evitarlo, la muerte de Mencía. La suerte de ésta está echada cuando Gutierre descubre – e interpreta mal – una carta de Enrique, y procede a planear la muerte de su mujer. La segunda mitad del Acto, que presenta el asesinato de Mencía, sugiere hasta qué punto se ha convertido Gutierre en el instrumento de sus peores instintos, una figura grotesca, marioneta del código del honor[5].

Primero, Gutierre atemoriza al doctor, Ludovico, sacándole de su casa, conduciéndole por las calles a punta de cuchillo, con los ojos vendados, desorientado completamente, después forzándole a que sangre a Mencía. La confusión y espanto de Ludovico son un comentario sobre el carácter del incidente. ¡ Qué cambiado está el Gutierre de las primeras escenas de la obra, entonces cortés, respetuoso, un hombre de principios e integridad, opuesto a abusar de nadie. Y ahora ¡ cómo abusa de Ludovico ! ¿ Cómo puede planear tan friamente la muerte de Mencía, amándola como la ama ? ¿ Cómo puede escuchar con ecuanimidad a Ludovico describiendo como ella está esperando su muerte:

Una imagen
de la muerte, un bulto veo,
que sobre una cama yace . . . (III. 527–9)

---

5 En la opinión de algunos calderonistas Gutierre es esencialmente un hombre cruel, sin piedad alguna. Véase, por ejemplo, A. E. Sloman, *The Dramatic Craftsmanship of Calderón*, Oxford, 1958, 18–58. Pero solamente dándonos cuenta de las virtudes fundamentales de Gutierre podemos identificarnos con su verdadera angustia trágica.

La evidencia sugiere que Gutierre ha llegado a ser un monstruo frío sin corazón ni sentimientos. Esto es un punto de vista, creo, que elimina el elemento trágico de su carácter. Se convierte en una figura trágica, sin embargo, si le consideramos como a alguien que, habiendo intentado, sin conseguirlo, explorar cada solución, finalmente tiene que endurecerse para llevar a cabo lo que tanto ha buscado evitar. En realidad, es otro Gutierre, sin humanidad; las exigencias del honor hacen un monstruo de él. En este sentido Gutierre es un prisionero, porque está obligado a vencer sus sentimientos de amor y compasión, a matarlos en favor de una impasividad cruel y fría. Obra así como una máquina, con la lógica precisa de alguien dispuesto de antemano a una causa particular de acciones. La manera casi científica con que maneja a Ludovico, los detalles del crimen, y el relato al Rey de la muerte de Mencía, todo está llevado a cabo y expuesto con la lógica de emoción fría, refrenada, totalmente controlada. Sin embargo, la humanidad de Gutierre desmorona a veces las autoimpuestas barreras en el modo más agonizante. Huye de su casa en un estado semidemente, invocando la ira de los Cielos. Si hasta cierto nivel es un mero acto para engañar al Rey y al público en general, seguramente contiene también los sentimientos verdaderos de Gutierre, y la necesidad de exhibirlos públicamente los hace más horribles. La descripción de la muerte de Mencía, inventada para el público, hace destacar la agonía incomunicable e íntima de Gutierre. Las exigencias del honor usan y abusan de él, no menos en el sentido en que él se deshumaniza para llevar a cabo sus propósitos.

Finalmente, en la última escena de la obra, vemos las manipulaciones finales del honor. Con la muerte de Mencía, Gutierre ha eliminado un peligro pero a un precio terrible. A la vez ha creado inintencionadamente la oportunidad por la cual Leonor, casándose con él, puede recobrar su honor. El Rey Pedro, presto a aprovecharse de la oportunidad, puede cumplir las promesas a Leonor que le han preocupado desde el principio de la obra. Gutierre, libre de un peligro, tiene que enfrentarse con otro, porque si su primera experiencia con Leonor fue hasta cierto punto una anticipación de la muerte de Mencía, su futuro con Leonor debe considerarse ahora bajo el punto de vista de la experiencia de aquélla. Las cadenas del honor son tan inflexibles como la impasividad del mismo Rey Pedro, cruelmente insensible ante las desesperadas protestas de Gutierre[6]. La obra termina solamente para revelar una perspectiva nueva, aunque familiar, del futuro de Gutierre. Está inescapablemente aprisionado en el mecanismo terrible y aplastante del honor.

La manera en que el Rey Pedro trata a Gutierre al final de la obra sugiere, también, que las vidas de Mencía y Gutierre están constantemente manipuladas por otras personas, notablemente por Pedro y Enrique. Desde el mismo principio

---

[6] El significado del Rey Pedro ha sido discutido por muchos críticos. En la opinión de algunos, como A. I. Watson, Pedro es un monarca justo, aun ejemplar. Véase, « Peter the Cruel or Peter the Just? », *Romanistisches Jahrbuch*, XIV (1963), 322–346. Otros, como D. W. Cruickshank, presentan un punto de vista completamente distinto en « Calderón's King Pedro: Just or Unjust? », *Spanische Forschungen der Görresgesellschaft*, XXV (1970), 113–132. A. A. Parker, *art. cit.*, ha sugerido que Pedro es un rey justo y cruel, y al mismo tiempo severo e inflexible.

Enrique tiene una desconsideración total por el honor de Mencía. En la primera conversación entre ambos el apasionado comportamiento de él le da miedo a ella, y durante la inesperada visita que él hace a ella al principio del Acto II ella siente un pánico ciego. Sus temores de las atenciones de Enrique dominan a Mencía durante toda la obra, la obligan a contestar incriminadamente a la voz fingida de Gutierre al final del Acto II, y ocasionan la carta fatal a Enrique en el Acto III. En cada caso es significante que el papel de Mencía es defensivo – un intento para refrenar el ardor de Enrique, impedir que su pasión, en estas circunstancias inmoderada e imprudente, destroce su vida. El que Mencía adopte esta actitud sugiere que sabe hasta qué punto su vida está literalmente en manos de Enrique. El que no consiga salvarse demuestra perfectamente hasta qué extremo su libertad e independencia dependen de las acciones de otros.

El Rey Pedro, en más de una ocasión, maneja a Gutierre. En el Acto I Pedro le fuerza a que diga toda la verdad acerca de Leonor. Parece servirse de su reputación de severo para hacer que Gutierre revele su secreto. Es esto lo que en realidad conduce al choque entre Gutierre y Arias. Entonces, reaccionando violentamente a la violencia de los dos hombres, Pedro manda que les encarcelen, lo que da a Enrique la oportunidad para visitar a Mencía.

La influencia decisiva del Rey Pedro en la vida de Gutierre está clara también al principio del Acto III en la entrevista con él y después con Enrique, una escena relacionada íntimamente con la entrevista del Acto I con Gutierre y Leonor. El poder del Rey para refrenar a Enrique es la única esperanza de Gutierre para salvar su honor y a Mencía. Pero Pedro, a causa de su incompetencia, embrolla completamente la discusión con Enrique y así asegura la muerte de Mencía y la parte que Gutierre va a tomar en ella. El doctor saca la sangre, Gutierre controla al doctor, pero el papel de Gutierre está determinado por el Rey. Y, en la escena final, como hemos visto, Pedro tiene una influencia decisiva sobre el futuro de Gutierre cuando le obliga a casarse con Leonor.

Las relaciones Gutierre-Mencía, Pedro-Enrique demuestran claramente como los que son conscientes del honor hasta el punto de estar dominados por él, están manipulados por los que están fuera del código del honor porque están por encima de él, los que, por lo tanto, actúan sin considerar sus restricciones. Pedro y Enrique son, en sus aspectos diferentes, impulsivos y emocionales, actúan y se expresan espontáneamente, siguiendo sus impulsos. ¡ Cuán distintos son Gutierre y Mencía, inhibidos continuamente, siempre cautos, siempre temerosos ! El contraste realza efectivamente hasta qué punto sus vidas están envueltas por el código. Éste adquiere una dimensión casi física dentro de la cual los seres humanos están contenidos, los juguetes y marionetas de los que están fuera de él.

Este analisis de la obra en términos del motivo de la cárcel sugiere la conclusión de que Gutierre y Mencía son incapaces de controlar sus propios destinos y que, cuando toman decisiones importantes, las toman siempre bajo la influencia aplastante del honor. Existe en este sentido una fuerza exterior a ellos mismos a la cual están, aún contra su propia voluntad, continuamente sometidos. Podemos decir por eso que su voluntad no es libre.

En el caso de Mencía, ¿ pudo, bajo la presión de las circunstancias, y dado su carácter, haber procedido de otra forma ? Si decimos que en teoría pudo elegir – venciendo el temor, siendo sincera con Gutierre –, está claro que en la práctica el poder elegir está anulado por la pasión. En este caso Mencía es víctima de sus emociones, su vida totalmente sometida a esos acontecimientos que la dominan. De la misma manera Gutierre, aunque aparentemente razonable, prudente y cuidadoso, descubre que aún la razon en sí está sutilmente formada por el honor y que esos mismos caminos que prometen huída le conducen a la catástrofe. En este sentido parece que para estos desdichados la libertad de poder elegir es muy limitada, aun aniquilada. Son marionetas controladas por la gente y por los acontecimientos. Y, porque son seres humanos cuya bondad básica es indiscutible y cuya posibilidad de felicidad está clara, son seres humanos trágicos cuya situación terrible evoca nuestra compasión y un sentimiento de terror hacia la pavorosa naturaleza de su destino.

El gran teatro del mundo: estructura y personajes

Por Angel M. García

La simplicidad arquitectónica del auto *El Gran Teatro del Mundo* ha sido notada por numerosos críticos. Partiendo de una metáfora – el mundo como teatro y la vida humana como representación teatral – que era ya viejo lugar común al tiempo que se escribe el auto, Calderón logra una sencilla y perfecta ecuación entre la alegoría y el mundo de realidades que ésta manifiesta. El Professor A. A. Parker, en su fundamental estudio sobre el auto[1], ha indicado que debajo de esta aparente simplicidad se encubre una sutil red de conceptos que dan cuerpo dramático al análisis de la condición humana que Calderón intenta. Las líneas y perfiles básicos de la alegoría son nítidos, pero enmarcado en su geométrica sencillez Calderón ha colocado un bien tejido lienzo sobre el que expresa con matizadas pinceladas su original interpretación del viejo lugar común. La sustancia interna del auto ha sido así rescatada de esa cómoda prisión de tautologías en la que una crítica demasiado atenta al bien conocido marco de la alegoría y en exceso olvidadiza de los complejos contenidos la tenía reducida. Por desgracia no es posible decir lo mismo acerca del análisis de la estructura externa del auto. Es por supuesto obvio que el auto encierra dentro de sí la comedia *Obrar bien, que Dios es Dios* que los actores representan. También se ha parado mientes en las tres *jornadas* de la historia de la humanidad que el Mundo hace desfilar ante nuestros ojos casi al comienzo de la obra. Pero al intentar ver estas diversas partes dentro del conjunto total del auto se han propuesto divisiones carentes de sentido orgánico, o bien se han indicado esquemas parciales y confusos[2]. Si todo lo que la pieza nos ofrece es un *auto* en un acto dentro del cual se representa una *comedia* fácilmente divisible en tres, apenas habría motivo para emprender el estudio de una estructura de naturaleza tan simple y obvia. La dificultad se inicia al intentar emplazar el largo parlamento del Mundo dentro de un esquema coherente. El Mundo habla aquí de tres jornadas íntimamente relacionadas con las tres edades del mundo, presididas por la ley natural, por la ley escrita y por la ley de gracia respectivamente. La exposición del Mundo está expresada por una sucesión de formas verbales de tiempo futuro que es, posiblemente, lo que ha inducido a algunos críticos a suponer que estas tres jornadas encierran, como en síntesis

---

1 A. A. Parker, *The Allegorical Drama of Calderon* (Oxford, 1943), cap. III, p. 110 y ss.

2 Veánse, por ejemplo, A. Valbuena Prat, p. XLVII y ss. de su *Prólogo* de *Autos Sacramentales*, vol. I, en *Clásicos Castellanos*; y G. Cirot, « El Gran Teatro del Mundo » en *Bulletin Hispanique*, XLIII, 1941, p. 290 y ss.

o miniatura, todo lo que más tarde habrá de desarollarse en el curso del auto, o de la comedia[3]. Esta superposición global de las tres jornadas de las edades del mundo sobre otras partes del auto o de la comedia rompería el equilibrio estructural de la obra y, de intentarla, nos obligaría a violentar de manera intolerable los contenidos del parlamento del Mundo. La naturaleza y función de esta parte del auto pueden explorarse desde ángulos de visión diversos de los hasta ahora intentados, con resultados que contribuirían no sólo a incrementar el placer estético derivado de una obra de ensamblaje vario pero orgánicamente coherente, sino tambien a matizar aún más las características y delineamentos artísticos de los personajes.

El auto fue escrito para ser representado sobre una plataforma central con dos medios carros a ambos extremos conteniendo sendos globos, que al abrirse a su tiempo dejan descubrir un « trono de gloria » y un segundo teatro con las dos puertas de « cuna » y de « ataúd »[4]. Pero incluso antes de hacer funcionar los globos quedaba bien establecido para el público, que uno de éstos era el carro del cielo y el otro el del universo material. Al comenzar el auto el Autor, con « manto de estrellas y potencias » (claros símbolos del cielo y de la divinidad), sale por una puerta cercana al primer carro y dirige su voz al segundo, marcando con sus palabras la distancia física que separa a ambos y la realidad que ellos representan:

> Hermosa compostura
> de esa varia inferior arquitectura,
> que entre sombras y lejos
> a esta celeste usurpas los reflejos,
> cuando con flores bellas
> el número compite a sus estrellas,
> siendo con resplandores
> humano cielo de caducas flores. (vv. 1–8)

A esta voz de llamada acude El Mundo que sale « por diversa puerta », es decir por una entrada adyacente al carro del universo, dando a entender, sin embargo, con sus palabras que sale del interior del globo. Este Mundo que es ahora creado al recibir forma a partir de la « oscura materia » es el mismo Mundo que ya se nos ha presentado visualmente, a través del carro, y que ha sido descrito verbalmente por el Autor como un campo de batalla en el que los cuatro elementos luchan entre sí y donde habitan las aves, los peces, los brutos y los hombres. Se ha producido así una ruptura de la secuencia temporal que permite al espectador contemplar al mundo antes de que éste sea creado. A través de la ficción del teatro, el público está siendo

---

[3] Para un análisis esclarecedor del significado del futuro gramatical en Calderón cfr. K.-H. Körner, « El futuro 'performativo' y el teatro », en *Hacia Calderón: Tercer Coloquio Anglogermano, Londres 1973* (Berlin, 1976), p. 233 y ss., junto con su estudio anterior « El uso de los tiempos verbales en *La vida es sueño* (auto) », en *Hacia Calderón: Coloquio Anglogermano Exeter 1969* (Berlin, 1970), p. 105 y ss.

[4] Para los aspectos de tráfico escenográfico he tenido en cuenta el artículo de N. D. Shergold, « *El gran teatro del mundo* y sus problemas escenográficos », en *Hacia Calderón: Coloquio Anglogermano Exeter 1969* (Berlin, 1970), p. 77 y ss.

invitado a observar las líneas fundamentales de la historia del universo no como un hecho que tiene lugar en el tiempo, sino como un plan que se desenvuelve dentro de la mente divina. Los únicos personajes de la pieza que gozan de realidad existencial son el Autor y el Mundo después de su salida del globo. Los demás aparecen en escena como lo harían, en su estado de pre-existencia, dentro de la mente divina reflejando en su actuar en parte el plan de Dios y en parte las desviaciones que en éste podrá introducir el libre albedrío del hombre y que están también presentes en la mente de un Dios presciente. Dios es el único que puede contemplar en toda su perfección la « fábrica feliz del universo » antes de que ésta haya sido creada en el tiempo, el único que puede ver actuar a los hombres cuando éstos, carentes todavía de realidad existencial sin « alma, sentido, potencia, / vida, ni razón . . . » (vv. 293–294), son sólo en su « concepto ». Para participar plenamente del auto, el espectador tendrá que hacer un esfuerzo mental e imaginativo y colocarse dentro de la mente divina, donde el tiempo no es todavía sino un projecto de futuro y donde todo ocurre en un momento eterno: « Seremos, yo el Autor, en un instante, / tú el teatro, y el hombre el recitante » (vv. 65–66). La acción del auto tiene, por supuesto, que desarrollarse dentro de un esquema temporal con referencias a un ahora, a un antes y a un después. Pero este esquema está inserto dentro del instante atemporal y eterno de la mente divina donde es posible la visión simultánea del presente, del pasado y del futuro y donde, en consecuencia, estos tres estadios del tiempo no tienen que estar sujetos a la rigidez de una estricta sucesión cronológica.

Toda modificación del esquema temporal viene acompañada de una paralela modificación de las coordenadas espaciales, ya que si la acción ocurre dentro del instante eterno de la mente divina no es posible situar las idas y venidas de los personajes, ni a ellos mismos, ni a los objetos materiales que forman su contorno, dentro de un espacio real que supondría la existencia de unos seres ubicados ya fuera de la mente divina y moviéndose dentro de un tiempo cronológico. La acción del auto hay, pues, que verla como desarrollándose dentro de la mente divina, en una dimensión que es no sólamente atemporal sino también a-espacial. El medio carro del universo, que en términos reales está, por supuesto, construido sobre un espacio concreto y emplazado a una determinada distancia métrica del Autor y del medio carro del cielo, tendrá que ir sufriendo una metamorfosis radical a los ojos del espectador, quien al conjuro de la magia creadora de los recursos teatrales llegará a verlo como una proyección escenográfica de la mente divina. Esta original percepción del tiempo y del espacio teatral ha de estar, más o menos reflejamente, a la base de nuestro entendimiento del auto y es una de las claves para determinar acertadamente las líneas de su estructura.

El Autor, después de llamar al Mundo a su presencia, le expone su plan de representar una comedia y le hace el doble encargo de fabricar « apariencias » y « trajes » para la fiesta. El encargo de preparar y repartir trajes comenzará el Mundo a ponerlo en efecto más tarde. Ahora se trata de fabricar apariencias, de dejar el teatro a punto para que los actores representen.

El Mundo comienza su largo parlamento con el que adorna el teatro del mundo de objetos materiales (luces, jardines, ríos etc.) y de acontecimientos históricos: la creación, el diluvio, la entrada en la tierra prometida etc. Es decir, el Mundo puebla el espacio de su teatro con cosas, y el tiempo con una sucesión de aconteceres que se suponen han tenido lugar antes de que los actores pongan el pie en escena para comenzar la comedia. El romance con el que el Mundo discurre por las tres edades de la historia humana expresa sus contenidos no sólo a través de la metáfora base del mundo-teatro sino también mediante un detallado y amplio uso de términos dramáticos que mantienen en constante primer plano la naturaleza teatral de la narración. El Mundo, que al principio de su parlamento se define como « el gran teatro del mundo », nos habla de jornadas, actos, escenas y pasos; hace referencia a un « negro velo » o cortina que se corre para dejar el « tablado » a la vista; se hace eco de « dibujos » y de « perspectivas »; menciona la mayor o menor abundancia de « apariencias », en cuya descripción visual se enhebra de hecho el hilo narrativo de los acontecimientos. El romance, por lo tanto, más que simple narración dividida en tres jornadas, es cuasi-representación imaginativa de una pieza teatral[5]. La magia verbal del dramaturgo describe escenarios y apariencias a través de los cuales el espectador percibe claramente el curso de la acción. Así, por ejemplo, la historia bíblica del paraíso y de la caída se nos comunica a través de los módulos descriptivos de la siguiente apariencia: « Los árboles estarán / llenos de sabrosos frutos, / si ya el áspid de la envidia / no da veneno en alguno » (vv. 113–116). El resultado de esta técnica es un romance profundamente permeado de calidades plásticas que más que impartir información sobre las tres edades con esquemas discursivos nos hace presenciar imaginativamente una representación teatral en la que esa historia se desenvuelve ante nuestra mirada interior. Las palabras iniciales del parlamento del Mundo hacen centrar la atención del espectador sobre el carro del universo en el que, imaginativamente y al conjuro del verso, verá una cortina negra que al descorrerse descubrirá un juego de luces representativas del sol, la luna y las estrellas. El tablado, listo ya para dar comienzo a la primera jornada, verá surgir al mismo conjuro un jardín florido, árboles cargados de fruto, un áspid enroscado en uno de ellos, campos incultos, montes, valles, ríos, ciudades y alcázares, un diluvio con movimiento de nubes y ondas, un bajel cargado de aves, brutos y hombres, un arco iris, la tierra enjuta. El significado de esta serie de retablos verbales es un claro compendio de la historia de la humanidad narrada en los capítulos I–IX del *Génesis*.

---

[5] N. D. Shergold indica que « all this imagery seems to be cast in terms of the court stage, with its perspectives, transformations, curtains, and lights, rather than that of the corrales » (cfr. *A History of the Spanish Stage from Medieval Times until the End of the Seventeenth Century*, Oxford, 1967, p. 443). Tras la lectura de mi ponencia se debatió la posibilidad de que el parlamento del Mundo fuera acompañado de un despligue de tramoyas reales a las que los versos servirían de comentario oral. De haber sido así, la teatralidad de las tres jornadas se hubiera visto notablemente incrementada. Aunque no poseemos pruebas documentales de la existencia de tales tramoyas en esta parte del auto, su posible utilización no debe ser categóricamente rechazada, sobre todo habida cuenta de los datos existentes con respecto al uso de tramoyas en autos de Lope y de Valdivieso ya desde principios del siglo XVII (cfr. N. D. Shergold, op. cit., p. 415 y ss.). En el presente artículo adopto una actitud minimalista ya que el carácter teatral y escenográfico del parlamento del Mundo queda suficientemente mostrado con el solo texto escrito de la obra.

Ahora comienza la segunda jornada en la que va a haber mayor riqueza de « apariencias » (cfr. vv. 167–170): un « mar rubio » con sus aguas abiertas para dar paso a los hebreos, dos columnas de fuego iluminando el desierto, Moisés arrebatado por una nube para recibir las tablas de la ley, un eclipse solar acompañado de un terremoto. Es decir, otra serie de retablos verbales que compendian la historia del pueblo escogido hasta la muerte en cruz del Mesías, con la que se pone fin a la supremacía de la ley escrita. No hay duda de que el público, mediante la magia verbal del Mundo, está contemplando con los ojos imaginativos una obra de teatro cuajada de calidades plásticas, lumínicas e incluso sonoras. Esta magia queda, sin embargo, en suspenso al empezar la tercera jornada de la ley de gracia. Para la primera jornada el Mundo ha utilizado 68 octosílabos y 32 para la segunda, con abundancia, en ambos casos, de « apariencias » descriptivo-narrativas. A la tercera jornada, sin embargo, sólo se le dedican seis líneas, en las que además no se hace mención de acontecimiento concreto alguno:

Y empezará la tercera
jornada, donde hay anuncios
que habrá mayores portentos
por ser los milagros muchos
de la ley de gracia, en que
ociosamente discurro (vv. 199–204).

De esta manera, la tercera jornada se reduce a un simple anuncio de acontecimientos futuros que, en marcado contraste con los de las otras dos jornadas, no surgen ante nuestra mirada evocados por el poder del verso. Esta difuminación del impacto visual-narrativo crea una especie de vacío dramático que deja al público en suspenso, esperando el momento en que esta tercera jornada cobre contenido y sustancia dramática. Durante las dos jornadas anteriores el espectador, transportado a altos niveles imaginativos, se ha sentido rodeado de un flujo de historia. Al llegar a la jornada última (la suya, la que más le antañe ya que él se sabe existencialmente inmerso en la tercera edad del mundo) se produce un corte brusco y todo queda reducido a una promesa de « mayores portentos » que tendrán lugar más tarde. El Mundo excusa esta interrupción del hilo dramático alegando que sería ocioso discurrir por los acontecimientos de la última jornada. Puesto que estos conciernen tan íntimamente al espectador, para quien se ha escrito la pieza, estas líneas del Mundo sólo pueden interpretarse en el sentido de que estaría de más suscitar en su parlamento unos aconteceres que, dentro de poco, van a constituir parte del auto mismo y para cuya representación escénica se está dejando a punto el teatro del mundo. Es interesante observar, sin embargo, que el Mundo termina esta parte del romance mencionando, en líneas impregnadas de calidades lumínicas, un único evento: el « ultimo paso » o episodio cuando todo el « tablado » se verá envuelto en llamas escatológicas (vv. 209 y ss.). Esta « scena » marca el término *ad quem* de la tercera edad del mundo y el final definitivo del teatro del mundo, pero no va a encontrar lugar dramático ni en la comedia, que termina con la postrimería de la muerte, ni en las escenas finales del auto, que concluye con el juicio personal y con las postrimerías de premios y castigos. Por esto se le menciona ahora con versos tan evocativos como los de los acontecimientos de las dos primeras jornadas. De esta manera la tercera jornada queda reducida, en boca del Mundo, a un comenzar y a un concluir con el último « paso horrible y duro. » Entre estos dos términos se nos deja un hueco que, según se nos promete, lo llenarán « los milagros muchos / de la ley de gracia . . . » (vv. 202–203). Esta indicación es suficiente para que el espectador sepa en qué momento del auto comenzará a reactivarse el carro del teatro del mundo: cuando aparezcan en su interior, o en su contorno, personajes que él pueda identificar como pertenecientes a la tercera edad del mundo, y comiencen su actuación teatral bajo la guía de la ley de gracia. El Mundo indica incluso el género dramático en el que se enmarcará la actuación de estos personajes: « Prodigios verán los hombres / en tres actos . . . » (vv. 225–226), líneas que se hacen eco de la intención original del Autor de representar una comedia (vv. 47–48). El Mundo, pues, ha preparado el teatro para la puesta en escena de esta comedia. Pero este teatro no es un simple espacio escénico; es el teatro del mundo que posee también una fundamental dimensión de tiempo y de historia. Para dejarlo a punto el Mundo ha hecho desfilar ante nuestra mirada los acontecimientos fundamentales en la historia de la salvación, hasta llegar al umbral de la jornada tercera en la que el hombre inscrito en la tercera edad del mundo pueda comenzar la comedia de la vida. Esta comedia es la obra *Obrar bien, que Dios es Dios* que, lejos de superponerse (como se ha sugerido) a la última jornada del romance del Mundo, se encuentra con respecto a ésta en relación de identidad. La comedia, en efecto, no es sino la explicitación dramática de los « portentos », « milagros » y « prodigios » de la jornada tercera, que el romance del Mundo habia dejado en suspenso.

Pero es necesario matizar aún más. El final definitivo del teatro del mundo, el término *ad quem* de la tercera jornada establecido por el último « paso horrible y duro » no se encuentra, como ya hemos indicado, ni al final de la comedia ni en las últimas escenas del auto. De esta manera la comedia, aunque se identifica con la tercera jornada, no agota sin embargo los contenidos de ésta ya que no incorpora el último paso o escena. Esto no es todo. Terminada la comedia de los personajes teatrales, que salen y entran del « vestuario » de la mente divina (vv. 232–236) sin abandonar su caracter inexistencial de entes de ficción, se anuncia la puesta en escena de la comedia verdadera, a cargo esta vez de los espectadores que contemplan el auto:

> . . . con que doy,
> por hoy, fin a la comedia
> que mañana hará el Autor.
> Enmendaos para mañana
> los que veis los yerros de hoy (vv. 1246–1250).

Este « mañana » traspasa las coordenadas dramáticas tanto del auto como de la comedia, ya que como es obvio ni ésta ni aquél contienen la comedia real del público asistente. Esto no obstante, las « representaciones » reales de la vida humana (vv. 1569–1570) se insertan en la tercera jornada de la historia del mundo, y sólo tras haber sido concluidas en toda su plenitud histórica, tendrá lugar la última escena de esa jornada cuando el fuego del día postrero destruirá el verdadero tablado del teatro de la vida. De esta manera el auto, cuyas coordenadas temporales poseen la elasticidad que les otorga el ser simple proyección teatral del « instante » atemporal y eterno de la mente divina del Autor, queda en cierta manera inconcluso: abierto hacia una dimensión de tiempo futuro y de historia en la que la humanidad espectadora subirá al escenario para llevar a término final la tercera jornada de la historia del mundo. Esta última jornada, por lo tanto, incluye dentro de su ámbito la comedia *Obrar bien, que Dios es Dios,* la comedia real de la humanidad, y el último paso con el final escatológico del tablado del mundo. Su representación se inicia dentro del cuerpo del auto, pero se continua y completa más allá de los límites dramáticos de la pieza sin, sin embargo, desbordar sus coordenadas temporales. Y esto porque el auto se estructura ficcionalmente como proyección de ese instante acrónico y divino que encierra dentro de su seno no sólo el pasado (jornada primera y segunda) y el presente (comedia *Obrar bien, que Dios es Dios*) sino también el futuro (« representaciones » de un « mañana », y final escatológico del teatro del mundo).

Ahora bien, toda estructura no sólo expresa sino que también condiciona los contenidos de una obra al imponer determinados perfiles artísticos a los instrumentos literarios a través de los cuales esos contenidos cobran carne y hueso dramáticos. La estructura que acabo de delinear, con la identidad parcial ya indicada entre jornada tercera y comedia *Obrar bien, que Dios es Dios,* va a dejar su marca en los módulos artísticos con que los personajes que actúan en esta obra se proyectan sobre las tablas. A través de las dos primeras jornadas hemos percibido, de manera más o menos alusiva, la presencia de personajes bíblicamente históricos: Adán y Eva (vv. 113–116), Noé (vv. 149–154), Moisés (vv. 185–186), Cristo (vv. 187–190) etc. Los personajes de la tercera jornada, al emerger en la comedia, han de poseer un grado de concreción que les haga aparecer como personajes históricamente posibles, en armonía con la naturaleza de los caracteres de las dos primeras jornadas. El Mundo, antes de saber la decisión que el Autor adoptará acerca del número y naturaleza de los personajes de la comedia, nos ofrece una lista de posibles caracteres que están todos ellos marcados con el sello de lo concreto: un rey, un valiente capitán, un ministro, un religioso, un facineroso, un noble, el vulgo, un labrador, una dama, y un pobre (vv. 243–265). Esta gama de personajes no corresponde al reparto de la comedia. Pero esta disparidad entre la lista del Mundo y la composición real del reparto de la comedia no es en sí sorprendente, ya que en ésta la elección del *dramatis personae* corresponde al Autor. Lo que sí ofrece materia de interés es, por una parte, la composición del reparto y, por otra, la naturaleza de los personajes que lo integran. Calderón se aleja notablemente de los esquemas socio-jerárquicos ya establecidos por las danzas de la muerte medievales y por sus reelaboraciones renacentistas posteriores. Una somera confrontación entre el reparto de la comedia *Obrar bien, que Dios es Dios* y los *dramatis personae* de la anónima *Danza de la Muerte* del siglo xv, o de la trilogía de *Las Barcas* de Gil Vicente sería suficiente para establecer esta diferencia. En la tradición de las danzas la pieza dramática da cabida a una amplia gama de personajes que cubren todos los estratos de la organización social. Comparado con estas listas tan variadas como socialmente bien estructuradas, el reparto de la comedia no puede dejar de parecernos pobre e incompleto: rey, dama, religiosa discreta, labrador, rico, pobre y niño reflejarían la estructura social de manera muy deficiente, y en el caso de la dama y del niño serían personajes difícilmente integrables en un esquema de tal naturaleza. En mi opinión es el Niño quien nos ofrece la clave para descubrir el criterio que Calderón ha utilizado en la composición del reparto. El Niño es, en efecto, un infante nonato que, sin haber podido recibir el bautismo, pasa directamente de la cárcel del vientre materno a la cárcel de la sepultura (vv. 543–546). Su destino final no es ni de « premio » – porque, sin bautismo, no ha sido incorporado a la historia salvífica de la humanidad – ni de « castigo », por no haber cometido pecado personal ninguno (vv. 1559–1560). Su destino es el Limbo, con el que se completa el número de « postrimerías » que el Autor menciona casi al final del auto (vv. 1545–47). La religiosa y el pobre han subido al cielo; el rey, la dama y el labrador han quedado temporalmente en el purgatorio; el rico ha bajado al infierno; y el niño ha marchado hacia el limbo. Es pues evidente que el niño ha sido escogido con vistas a completar el andamiaje teológico de las postrimerías. Sería, por lo tanto, razonable admitir que el resto de los personajes han sido elegidos también con semejante criterio: dos con destino a la gloria, tres al purgatorio, y uno al infierno. Este criterio de selección no excluye la utilización conjunta de otros criterios a los que nos referiremos más abajo. Pero es importante subrayar la existencia de aquel primer criterio ya que su aplicación va a influir en la naturaleza de los caracteres. Las « cuatro postrimerías » a las que Calderón alude (v. 1545) constituyen un destino personal sólamente aplicable a personajes que posean, al menos en semilla, perfiles individuales. Las virtudes y los vicios, las cualidades abstractas, los grupos y clases sociales no pueden ser, en cuanto tales, objeto de destino personal. Los personajes de la comedia tendrán así que mantenerse dentro de unos delineamentos artísticos en los que no se pierda de vista el horizonte de la individualidad: el *rey* no podrá ser del todo identificado con el *poder*, ni el *rico* con la *avaricia* o *riqueza*, ni el *labrador* con el *trabajo*, mientras que – por otra parte – la *hermosura* y la *discreción* tendrán que desarrollar trazos individuales de *dama* y de *religiosa*. Al mismo tiempo, el hecho de que los personajes que el Autor escoje tengan como destino inmediato el representar su papel en la comedia de la vida vendrá a reforzar la validez de este primer criterio selectivo ya que toda comedia, como forma artística, exije la presencia de caracteres individuales. El Autor entrega papeles a diversos mortales (vv. 319 y ss.) para que hagan uno « el Rey », otro « al rico, al poderoso », otro « al mísero, al mendigo », otro al niño que morirá « sin nacer ». Pero al llegar a las actrices el Autor cambia sus módulos de expresión. A la primera encarga que haga « la dama, que es la hermosura humana. » A la segunda dice: « Tú, la discrección harás. » La dama, que aparecía ya en la lista del Mundo, se ha convertido en encarnación de una cualidad abstracta; el « religioso » de la misma lista aparece reflejado en el personaje abstracto de la « discreción ». Cuando el Mundo entrega los vestidos y adornos estos dos personajes femeninos reafirmarán la naturaleza abstracta de sus papeles al describirlos respectivamente como « la hermosura humana » (v. 512) y « la discreción estudiosa » (v. 534). Poco más tarde, cuando todos los personajes han entrado en el interior del segundo carro, el Mundo recapitula su presencia (vv. 608–619): el rey sigue siendo nombrado como « rey », pero el rico, el pobre y el labrador son mentados con la forma plural – « poderosos », « mendigos », « labradores » – convirtiendose así en representantes de diversos grupos sociales; la hermosura, nombrada ahora como « beldad », parece conservar su forma abstracta, mientras que la discreción se ha convertido en el grupo general, pero concreto, de los « religiosos ». Comenzada la representación de la comedia (vv. 675 y ss.), la Hermosura mantiene su caracter abstracto: se llama a sí misma « hermosura »; « hermosura » la nombra el mundo-vulgo en sus comentarios; el pobre declara « a la Hermosura me atrevo / a pedir »; la Voz que llama al sepulcro canta que se marchite la « hermosura humana »; y una vez que este personaje femenino desaparece, el rico lamenta la ausencia de la « hermosura » y el labrador comenta con cinismo que no faltando « pan, vino, carne y lechón / por Pascua, que a la Hermosura / no la echaré menos yo » (vv. 1085–1088). Pero la consistencia del carácter abstracto de la Hermosura no es absoluta. El Pobre al pasar su mirada por las « ajenas felicidades » que rodean su propia miseria ve en ella a « la dama »; y, todavía más importante, este personaje femenino se expresa en varias ocasiones con palabras que revelan estados íntimos de conciencia en los que la hermosura es vista como cualidad poseída por un substrato personal, por un 'yo' que la utiliza o manipula. Así cuando el Rey entra por vez primera en el escenario de la comedia, el personaje « Hermosura » decide:

> . . . Delante
> de él he de ponerme yo
> para ver si mi hermosura
> pudo rendirlo a mi amor (vv. 813–816).

Y en el soneto (vv. 1025 y ss.) con el que expresa lo que « está en su imaginación » vuelve a referirse a la hermosura como a una posesión personal (« mi beldad hermosa y pura », « mi belleza ») y a la capa más íntima de su ser como « mujer pequeño cielo ». La Discreción, por su parte, es nombrada « discreción » por boca del mundo-vulgo. Ella misma se declara « discreción », pero estableciendo al mismo tiempo una clara relación causal entre esta cualidad abstracta y el hecho concreto de ser religiosa de vida retirada:

> Yo no he de salir de casa;
> yo escogí esta religión
> para sepultar mi vida:
> por eso soy Discreción (vv. 719–722).

El Pobre, antes de iniciar su ronda pedigüeña, ve en ella a « la religiosa », pero al recibir de sus manos un pedazo de pan (vv. 918 y ss.) éste se transmuta a los ojos del mendigo en pan sacramental con el que la Religión – entendida aquí como Cristianismo y no como institución comunitaria en la que practicar el estado de perfección – sustenta al hombre. Inmediatamente después, el personaje Discreción está a punto de sufrir una caída y el rey le alarga la mano para sostenerla en esta « tribulación / que la Religión padece » (vv. 924–925), donde el término « religión », dado el contexto total, parece referirse a la Iglesia como institución a la que en algún avatar histórico la monarquía viene a darle el apoyo de su brazo secular. Durante la representacion de la comedia, el resto de los personajes – rey, labrador, rico y pobre – mantienen fielmente estos módulos denominativos.

Acabada la comedia, el Mundo se sitúa junto a la puerta del segundo carro para pedir a los personajes que devuelvan sus adornos y trajes (vv. 1255 y ss.). En esta ocasión el rey dice haber « al rey representado »; de parecida manera se expresa el que hizo de labrador, de rico o de pobre. El primer personaje femenino, sin embargo, confiesa haber hecho « la gala y la hermosura » y que para ello el Mundo le entregó « perfecta una belleza ». Pero esta belleza y hermosura ya no existen, han quedado aniquiladas en la sepultura: « La belleza no puedo haber cobrado, / que espira con el dueño la belleza » (vv. 1321–1322) dice el Mundo. Tras haber representado una cualidad abstracta, la Hermosura, desposeída ahora totalmente de ella, manifiesta en el lamento final una conciencia más viva del yo personal mediante una sucesión de formas verbales con el yo como sujeto y las diversas facetas y atributos de la hermosura como complementos:

> Toda la consumió la sepultura.
> Allí dejé matices y colores;
> allí perdí jazmines y corales etc. (vv. 1326 y ss.).

Cuando llega su turno, la Discreción le dice al Mundo que para entrar en la vida « pedí una religión y una obediencia, / cilicios, disciplinas y abstinencias » (vv. 1365–1366). Esta enumeración cuadra bien con la imagen mental de una religiosa-monja. Pero inmediatamente la Discreción, al exponer la razón que le asiste en negarse a entregar estos « adornos » al Mundo que se los pide, los equipara a « sacrificios, afectos y oraciones » y en última instancia a las « buenas obras » que, según confiesa el Mundo, son las únicas realidades « que del mundo se han sacado ». La imagen inicial de monja religiosa abre así sus contornos para dar también cabida a la imagen más general de persona religiosa y cristiana.

En términos generales podemos, pues, decir que a lo largo de la representación de la comedia un grupo de personajes – el rey, el rico, el labrador y el mendigo – mantienen con consistencia y univocidad su naturaleza concreta. La Hermosura y la Discreción encarnan las cualidades abstractas que sus nombres indican. Pero este carácter abstracto parece estar en un permanente equilibrio inestable que las torna en personajes flúidos y polivalentes. La Hermosura da muestras crecientes de poseer una conciencia personal a través de la cual manifiesta un « yo » íntimo portador de « su » belleza, apareciendo así a los ojos del espectador como hermosa dama. La Discreción, por su parte, conjuga su carácter abstracto con una serie de manifestaciones concretas casi proteicas en su diversidad: para el Mundo, poco antes de comenzar la representación de la comedia, encarna al grupo general de los « religiosos »; ya en la corriente de la comedia, aparece como religiosa de vida retirada, como Religión en su sentido más estrictamente espiritual, como Iglesia y, finalmente, como alma religiosa que pasa por el umbral de la muerte con el bagaje de sus buenas obras. El caracter abstracto de los dos personajes femeninos no es, pues, totalmente compacto; posee ciertas fisuras por las que se filtran luces de tonalidades más individuales y concretas. La Hermosura no es una dama hermosa, ni la Discreción una religiosa discreta. La Hermosura es hermosura abstracta, y dama; la Discrecion es discreción abstracta, y religiosa. En ambas lo abstracto y lo concreto subsisten sin destruirse ni eliminarse mutuamente.

Todos los personajes de la comedia participan así, en mayor o menor medida, de calidades concretas que justifican su presencia en las tablas como caracteres en posesión de una realidad individual. Esto era necesario por un triple motivo: por ser personajes de comedia; porque esta comedia es parte de la tercera jornada de la historia del mundo, cuyas jornadas primera y segunda el espectador ha visto imaginativamente probladas de caracteres concretos, y – por último – porque la comedia tendrá como trama y desenlace el destino último de unos personajes que, por ello mismo, no pueden carecer de un cierto grado de individualidad.

Pero al mismo tiempo – y este es el reverso de la medalla que Calderón tiene que acuñar simultáneamente en un único troquel artístico – los personajes de la comedia están inscritos en el entramado de un auto sacramental cuyos módulos estéticos están fuertemente orientados hacia la alegoría y la abstracción. La misma comedia, por su parte, es una comedia « aparente » (v. 491) cuyo final marca el próximo comienzo de la verdadera comedia que habrá de ser representada por los espectadores. Para conseguir el « enmendaos para mañana » con el que la Discreción cierra la comedia, el público tendría que haberse visto reflejado en alguno o algunos de los personajes de la obra. Pero ¿ cuántos de los allí presentes eran reyes, o ricos poderosos, o damas hermosas, o monjas de clausura, o pobres mendigos, o (en un público predominantemente urbano) oprimidos labradores ? Sin duda, una muy reducida minoría. El dramaturgo, pues, para mantener la unidad estética del auto, del que todas las otras partes son meros componentes, y para enriquecer la ejemplaridad de la comedia aparente tiene que ensanchar los límites concretos de los personajes y dar cabida en ellos a otros elementos que suministren resonancias más abstractas y generales, más universalmente aplicables al conjunto total de su auditorio. Ya hemos observado como en el caso de la Hermosura y de la Discreción el escritor no deja que su naturaleza abstracta ahogue del todo la aparición de un yo individual y concreto. Los cuatro personajes masculinos, por su parte, presentan parecido problema, pero con los términos invertidos. En ellos los trazos concretos, que son los que predominan, se difuminan para dejar ver pinceladas de naturaleza más general y abstracta. El Labrador se mueve dentro de unas coordenadas que le enmarcan claramente dentro del cuerpo social y político. Notemos, sin embargo, su polimorfismo que a veces le hace expresarse como terrateniente capaz de controlar el mercado de productos agrícolas en beneficio propio, a veces referirse a sí mismo como posible « quintero » o arrendatario de tierras ajenas, a veces lamentarse de su dura condicion de « cavador » o bracero. Más interesante, sin embargo, que esta ampliación del contorno social del Labrador es su emplazamiento sobre un fondo teológico que le hace portador de determinadas facetas de la condición humana. El Mundo, al referirse por vez primera al Labrador, relaciona su duro trabajo con la caída de Adán (vv. 257–260). El personaje establece la misma relación tanto al recibir el papel de manos del Autor (vv. 343–345) como cuando el Mundo le entrega el instrumento de su papel: « Esta es la herencia de Adán » (v. 558). La herencia de Adán (a la que se refiere el Génesis cap. 3, vv. 17–19) es la de un trabajo – no ya placentero como antes de la caída – sino fatigoso debido al desorden general de la naturaleza. Es claro que esta maldición no iba dirigida a una clase social concreta sino al hombre, a todo hombre. El Labrador, pues, al declarar que su trabajo es herencia de Adán está universalizando el sentido de su papel, haciéndolo aplicable a todos y cada uno de los espectadores allí presentes. El Pobre presenta un caso parecido. Es sin duda un « mendigo menesteroso », desnudo y harapiento que entra en el juego social. Pero en las varias ocasiones en que nos abre su intimidad, su carácter parece expandirse hasta hacerse universalmente válido. Al describir al Mundo la naturaleza de su papel lo hace con una patética enumeración de miserias humanas – angustia, dolor, padecimiento, desprecios, vergüenza, sufrimiento, desconsuelo etc. – que él recapitula en las dos últimas líneas del parlamento: « . . . y es la vil necesidad / que todo esto es la pobreza » (vv. 596–597). La sintaxis de esta frase conserva una fundamental ambivalencia, ya que puede entenderse en el sentido más restringido « la pobreza es todo esto que enumero », o bien en el sentido más universal de « todo esto que enumero es pobreza ». Más tarde, cuando le llega el turno de revelarnos lo que hay en su imaginación, el personaje encuadra su dolor en un amplio marco teológico. Haciéndose eco de los lamentos de Job, maldice el día en que nació y la noche en que fué concebido. La maldición no va dirigida contra las penalidades de su estado « sino porque considero / que fuí nacido en pecado » (vv. 1197–1198). El Mundo añade una glosa para remachar aún más este punto, y acto seguido se oye la Voz, que llama al Rico y al Pobre con estas palabras:

> Número tiene la dicha,
> número tiene el dolor;
> de ese dolor y esa dicha,
> venid a cuentas los dos (vv. 1203–1206).

El Pobre, sin dejar de ser mendigo en un contexto socio-histórico, termina su actuación en la comedia como encarnación de esa dolor multiforme que afecta a cada uno de los espectadores como resultado del pecado original.

El Rey y el Rico están abiertos a un parecido análisis que, para abreviar, dejaremos en simple esbozo. Además de poseer un claro substrato personal, son también encarnaciones del rico por antonomasia, usurpador de toda riqueza y disfrutador de todo placer (vv. 739 y ss.), y del monarca universal cuyo imperio cubre toda la faz de la tierra (vv. 821 y ss.). Este agrandamiento del contenido de sus papeles les hace rozar las fronteras de la alegoría para encarnar, en breves instantes, el poder emanado del dominio político con su secuela de endiosamiento y vanagloria, y la potencia económica que, en la ceguera de una soberbia autosuficiente, toma posesión avara y voluptuosa de las riquezas naturales.

Es lugar común afirmar que *El Gran Teatro del Mundo* es un claro ejemplo de « a play within a play », de una obra de teatro con otra dentro de sus entrañas. La estructura es, sin embargo, bastante más compleja. Dentro del auto brota la representación verbal de la historia del mundo, dividida en tres jornadas de marcado carácter teatral y escenográfico. La tercera de estas jornadas, tras su breve inicio, queda en suspenso hasta que la comedia *Obrar bien, que Dios es Dios,* con la que se identifica parcialmente, viene a llenarla de sustancia dramática. El final de la comedia de los actores no marca, con todo, todavía el fin de la tercera jornada, la cual se continúa, más allá de la comedia y del auto mismo, en la representación de la comedia humana para completarse con el último « paso » real y escatológico del teatro del mundo. Parte de la tercera jornada se encuentra, pues, fuera del auto si consideramos a éste como obra dramática representada en una fecha determinada y en un lugar concreto de la Villa de Madrid. Pero este auto es, al mismo tiempo, proyección de la mente divina en cuyo seno las secuencias temporales coexisten sincopadas en un único instante atemporal, dando así origen a una sutil perspectiva desde la que el espectador puede avizorar el tiempo futuro de la comedia humana y del paso último como englobado en los confines del auto mismo. Los personajes teatrales de esta pieza tan múltiple y tan coherentemente una tienen que existir y que actuar simultáneamente como personajes de auto sacramental alegórico, como seres en consonancia artística con los caracteres históricos de las dos primeras jornadas del romance del Mundo, como actores de la comedia *Obrar bien, que Dios es Dios,* y como paradigmas ejemplares en la comedia real de los espectadores. Esta multiplicidad de puntos de vista impone al dramaturgo un reto artístico que él supera adecuadamente creando unos caracteres de acusado relieve polimórfico.

Sobre el tema de la cárcel en *El príncipe constante*

Por P. R. K. Halkhoree (†) y J. E. Varey

En estos últimos años, la hispanista inglesa Helen F. Grant ha dirigido nuestra atención al tema del mundo al revés, tema tanto europeo como hispánico, pero que se encuentra en muchas obras dramáticas del Siglo de Oro[1]. Y, efectivamente, se puede considerar *El príncipe constante* como un drama heroico al revés. Como ha señalado recientemente A. A. Parker, se trata de un drama de pretensiones fracasadas[2]. Los portugueses intentan apoderarse de Tánger, y fallan; a duras penas, al final de la obra, han podido seguir dominando Ceuta, ciudad que les pertenecía ya al principio de la acción de la pieza. El príncipe Fernando, presentado aquí como el más importante de los tres hermanos de la casa real de Portugal, pierde la vida al parecer inútilmente. La tentativa de rescatarle por fuerza de armas también fracasa, porque muere el Príncipe antes de la llegada de la expedición portuguesa. Así que Portugal no ha ganado ningún territorio nuevo, y ha perdido un ejército y un príncipe, quien muere, no gloriosamente, sino en un muladar. Las pretensiones de los moros, tanto personales como políticas, fracasan igualmente. El rey de Fez no logra reconquistar Ceuta; Muley nunca paga a Fernando la deuda de gratitud. Sin embargo, en términos religiosos, se ha conservado la fe en la ciudad de Ceuta, y Portugal, y todo el mundo católico, ha ganado un nuevo santo. Al morir cautivo, en manos de los moros, Fernando ha podido liberarse de este mundo y de sus ambigüedades, su claroscuro tanto moral como sensual, y desprendiéndose de su realeza terrenal, ha ganado una corona eterna entre el ejército glorioso de los mártires cristianos. Si éste es un drama heroico, lo es, como ya se ha dicho, al revés. El drama sí contiene un héroe, pero es un héroe cristiano, cuyo éxito espiritual nace del fracaso humano.

Fracaso, pues, y triunfo: aquí tenemos las dos vertientes de un drama que se caracteriza por la paradoja. Ésta se revela en el empleo constante de toda una serie de oposiciones binarias, el claroscuro de que hablábamos hace un momento: luz/oscuridad; vida/muerte; apariencia/realidad; engaño/desengaño; libertad/cautiverio; etc.

---

[1] H. F. Grant, « The World Upside-Down », *Studies in Spanish Literature of the Golden Age presented to Edward M. Wilson*, ed. R. O. Jones, (Londres, 1973), p. 103–35.

[2] A. A. Parker, « Christian Values and Drama: *El príncipe constante* », *Studia Iberica. Festschrift für Hans Flasche*, (Berne y München, 1973), p. 441–58. En la página 454 dice: « There is no triumph whatsoever in the human action of the play. *Everybody* fails, to a greater or lesser extent, in the aims they set themselves. »

Ahora bien, la cárcel, o la prisión, como ha dicho A. A. Parker, puede simbolizar, en las comedias de Calderón, la condición humana[3]. Imagen, desde luego, que no pretende ser original, ya que ocurre con mucha frecuencia, y bajo una variedad de disfraces, en el arte y la literatura de todas las épocas: en la Biblia, en el lamteno de Pleberio de *La Celestina,* e incluso en las películas de Fellini (*8½*) y Buñuel *(El ángel exterminador)*. En *El príncipe constante,* concretamente, las alusiones a la cárcel o la prisión y a ideas afines como encarcelamiento físico, mental, social, y cautiverio, etc., son, en el nivel estilístico, de una frecuencia sorprendente. Encontramos, por ejemplo, en los 25 primeros versos de la comedia las alusiones siguientes:

ZARA:	las canciones, que ha escuchado tal vez en los baños	(p. 1)[4]
CAUT. 1:	Música, cuyo instrumento son los hierros y cadenas que nos aprisionan	(p. 1)
CAUT. 2:	pues sólo un rudo animal sin discurso racional canta alegre en la prisión	(p. 1)
CAUTIVOS:	Al peso de los años lo eminente se rinde; que a lo fácil del tiempo no hay conquista difícil	(p. 1)

Estas alusiones, claro está, están subrayadas por la indumentaria y el aspecto físico de los personajes. Tal frecuencia indica a nuestro parecer que la imagen de la cárcel es una imagen clave en la interpretación del drama, alrededor de la cual se agrupa toda esa serie de oposiciones y conceptos ya mencionados. Basándonos en la comparación, llevada a cabo hace años ya por A. E. Sloman, de la comedia calderoniana con sus fuentes[5], podemos deducir que fue Calderón mismo quien, al poner el sello de su genio propio en la obra, cambiando detalles, poniendo el énfasis en el aspecto antiheroico de la leyenda, realzando el aspecto sobrehumano del príncipe, fijó y desarrolló el detalle, introducido primero por Camoëns, de que el cautiverio de Fernando fue voluntario y no impuesto desde fuera. Otra justificación, pues, por hacer hincapié en este aspecto del drama. Por razones de tiempo, en esta ponencia vamos a concentrar la atención principalmente en esta imagen clave de la cárcel y en la opuesta, o sea, la de la libertad, tomando en cuenta no solamente el sentido literal de estos términos, sino también el sentido metafórico, y aludiendo nada más que alusiva y oblicuamente a otras imágenes y a otros conceptos relacio-

---

3 A. A. Parker, « Metáfora y símbolo en la interpretación de Calderón », *Actas del primer congreso internacional de hispanistas,* (Oxford, 1964), p. 141–60.

4 Todas las citas se remiten a las páginas de la edición de A. A. Parker, (Cambridge, 1968; 1ª edición, 1938; 2ª edición 1957).

5 A. E. Sloman, *The Sources of Calderón's « El príncipe constante »*, (Oxford, 1950).

nados, cuando hagan al caso. Veremos que en este drama hay presos físicos y presos, por decirlo así, metafísicos.

Volvamos primero la atención a esos personajes secundarios, los llamados « cautivos ». Al principio de la obra, y antes de la llegada de la expedición encabezada por Fernando y Enrique, hay cautivos cristianos en manos de los moros, los cuales cantan para aliviar las penas del cautiverio en las cárceles, o baños. La doncella Zara les manda que sigan con sus canciones « llenas / de dolor y sentimiento » para dar gusto a la princesa Fénix. El Cautivo 1° se extraña de que a la Princesa le haya gustado su música, « cuyos instrumentos / son los hierros y cadenas / que nos aprisionan » (p. 1), y el Cautivo 2°, comentando la esclavitud, dice que

> Esa pena excede
> Zara hermosa, a cuantas son,
> pues sólo un rudo animal
> sin discurso racional
> canta alegre en la prisión. (p. 1)

La canción habla del efecto del Tiempo:

> Al peso de los años
> lo eminente se rinde;
> que a lo fácil del tiempo
> no hay conquista difícil. (p. 1).

En el Acto II vemos a los mismos cautivos trabajando en el jardín, mientras el príncipe Fernando, todavía huésped honrado del Rey de Fez, va de caza. Don Fernando trata de aliviar sus penas: « a fe / – dice – que os darían libertad / antes que a mí », presagio irónico del final de la comedia. « A la desdicha más fuerte / sabe vencer la prudencia » (p. 37); así aconseja que se confronten con sus penas en actitud estoica. La fortuna es deidad bárbara e importuna, y todo lo mudará la edad ligera. Pero cuando se van, revela el Príncipe que no espera una salida muy fácil de la situación: « ¡ Quién pudiera / socorrerlos ! ¡ Qué dolor ! » (p. 38). Más tarde en el mismo acto vemos a Fernando, ahora tratado como otro cautivo más; todavía los presos esperan la libertad a través del Príncipe:

> No lloréis, consolaos; que ya el Maestre
> dijo que volveremos
> pronto a la patria, y libertad tendremos.
> Ninguno ha de quedar en este suelo. (p. 52)

Habiendo reconocido el Príncipe entre los otros presos, los cautivos le piden perdón por haber « andado . . . tan loco y ciego » (p. 53), y se arrodillan ante él, pero Fernando les alza del suelo, diciendo que « soy entre vosotros un cautivo ». Al final de la comedia, rescatados todos por la muerte del Príncipe y la victoria de las armas portuguesas, vemos a un cautivo escoltando al ataúd que contiene el cuerpo del Príncipe, y por fin los cautivos le llevan en hombros a la armada portuguesa, y se ve que de verdad están puestos en libertad por las acciones y el heroísmo del Príncipe.

Otros dos personajes que están presos con el Príncipe son don Juan Coutiño y el gracioso, Brito. Don Juan actúa como español valiente en su situación adversa, oponiéndose a la espada mora en el acto I para así salvar la vida a Fernando, y en los actos II y III, sin hacer caso de las amenazas del Rey de Fez contra los que continúen fieles a su Príncipe, dándole el pan que le niega su apresador. Como hemos visto, está presente cuando la entrega del cadáver del Príncipe a los portugueses, y sin duda escolta a los cautivos que lo llevan en hombros. El gracioso Brito también actúa de manera heroica en los actos II y III, y pierde casi toda la gracia del papel. En el acto I, sin embargo, refleja los temores de algunos de los portugueses, notablemente los del príncipe Enrique, y, como otros muchos graciosos, se alegra de haberse salvado de los peligros del mar y de encontrarse otra vez en tierra firme. Durante la escaramuza entre las tropas portuguesas y el escuadrón capitaneado por Muley, trata, tal como Clarín en la batalla del acto III de *La vida es sueño*, de ponerse en salvo: « Ponerme en cobro conviene. » Al final del acto I, Brito finge la muerte para escaparse de la muerte. Clarín en semejante situación muere; Brito se encuentra atropellado por moros y cristianos, y se queda en el escenario hasta los últimos versos del acto cuando hace una súbita resurrección y entra acuchillando a dos moros, « que ainda mortos somos portugueses » (p. 33). Fue necesario desembarazar el escenario al final del acto, pero Calderón hace uso hábil de esta necesidad escenográfica, estableciendo así un paralelo cómico entre esta resurrección graciosa y el final de la comedia, cuando el mismo príncipe, ya cadáver, resurge en espíritu y guía al ejército triunfante de sus compatriotas.

El príncipe Enrique no sufre el cautiverio físico de su hermano, pero en el acto I le vemos preso de temores, convencido de la verdad de los nefandos agüeros que piensa haber observado. Su hermano le asegura que tales agüeros son miedos vanos:

> para los moros vienen que los crean,
> no para que los duden los cristianos. (p. 19)

Al pisar tierra en África, el príncipe Enrique cae, pero Fernando le alienta:

> Pierde, Enrique, a esas cosas el recelo,
> porque el caer ahora antes ha sido
> que ya, como a señor, la misma tierra
> los brazos en albricias te ha pedido. (p. 17)

Como otro Julio César, interpreta lo que puede parecer un mal agüero como señal de triunfo. Desde el punto de vista histórico, o terrenal, Enrique tiene razon al pensar que su caída augura un triste fin para la expedición; el ejército portugués es derrotado, y el Príncipe Fernando muere cautivo. Sin embargo, visto desde el punto de vista cristiano, o religioso, la expedición triunfa por dar oportunidad a la heroicidad de Fernando y por la fortaleza cristiana que éste exhibe y la santidad que alcanza. En la batalla que sigue al desembarco, Enrique no sabe qué hacer: « ¿ Qué haremos, pues, de confusiones llenos ? » Contesta Fernando: « ¿ Qué ? Morir como buenos, / con ánimos constantes » (p. 29), y así aconsejado y siguiendo el ejemplo de su hermano, Enrique lucha ferozmente:

> Pues aunque yo tropiece, caiga y muera
> en cuerpos de cristianos,
> no desmaya la fuerza de las manos
> que ella de quien yo soy mejor avisa. (p. 30)

Alentado y aconsejado por su hermano, ha podido escaparse de la cárcel de sus temores.

El príncipe Fernando, después de haber luchado valientemente, rinde la espada al rey de Fez, y, al final del acto I, se entrega como cautivo, rogando a su hermano que lleve las nuevas del desastre al rey de Portugal: « Esto te encargo y digo: / que haga como cristiano » (p. 33). Hay, al parecer, un momento de duda:

> Dirásle al Rey . . . Mas no le digas nada,
> si con grande silencio el miedo vano
> estas lágrimas lleva al Rey mi hermano. (p. 33)[6]

Parece aquí que va a decir a su hermano que ruegue al Rey que le rescate; todo dependería del tono de voz del actor, pero a nuestro parecer tenemos aquí un momento en que, en la transición del heroísmo a la constancia incipiente, se vislumbra, aunque sea sólo por un instante, al flaco ser humano. He aquí, pues, el primer paso, aún vacilante, hacia la constancia del mártir cristiano[7].

Al principio el rey de Fez le trata como huésped, llevándole de caza. Fernando acepta la situación con estoicismo: « a la desdicha más fuerte / sabe vencer la prudencia » (p. 37). Espera socorro de Portugal, y todavía no demuestra en su nuevo papel de cautivo – ni hay ocasión de demostrar – más virtudes que las pasivas. Así había enfrentado Muley, aunque con menos estoicismo, su suerte en el acto I, cuando cayó en manos de Fernando en el campo de batalla; al parecer triste y abatido, revela que la verdadera causa de su llanto es su amor, al parecer imposible, por Fénix, y no el cautiverio que sufre[8]. Su actitud galante sirve para que Fernando le dé la libertad, y Muley jura pagar algún día esta noble acción con otra semejante.

La situación de Fernando cambia completamente con la venida de la embajada de Enrique. El rey Duarte de Portugal ha muerto y el nuevo rey, Alfonso, ha mandado que se entregue Ceuta a los moros « por la persona / del Infante » (p. 43). En una oración central a la acción de la pieza, Fernando rechaza tal propuesta, y rechaza al

---

6 La ambigüedad de esta situación la ha discutido E. M. Wilson en el artículo de W. J. Entwistle y E. M. Wilson, « Calderón's *El príncipe constante*: Two Appreciations », *MLR*, 34 (1939), p. 207–22. La interpretación sí es difícil, pero lo esencial sigue siendo la ambigüedad de la actitud – o, al menos, de las palabras – de Fernando. Todavía no ha hecho el Príncipe una decisión firme y parece querer que la responsabilidad caiga sobre Duarte y Enrique.

7 Según ha demostrado A. E. Sloman (obr. cit., p. 72 sigs.), la trayectoria de las acciones de Fernando se conforma al esquema de la virtud de la *Fortitudo*, según la define Santo Tomás de Aquino. Se pasa en el acto I por las etapas más activas de la *Magnanimitas* y la *Magnificentia* a las más pasivas (en los actos II y III) de la *Patientia* y la *Perseverantia* y la *Constantia*. Véase también A. E. Sloman, *The Dramatic Craftsmanship of Calderon*, (Oxford, 1958), cap°. VII, p. 188–216.

8 Tenemos aquí una clara muestra de la oposición apariencia/realidad.

mismo tiempo su realeza, quedándose como simple ser humano: « ¿ Quién soy yo ? ¿ Soy más que un hombre ? » (p. 46). Desde aquí en adelante, el rey de Fez va a tratarle con rigor, esperando así ganar su fin político: la toma de Ceuta por los moros. No es tanto que él cambie de propósito, sino que la acción de Fernando le impone esta nueva actitud para con él. La corona del martirio no está impuesta sobre Fernando, sino que la escoge con plena conciencia. Se entrega a su apresador como esclavo, y el Rey contesta:

Pero ya que esclavo mío
te nombras y te confiesas,
como a esclavo he de tratarte:
tu hermano y los tuyos vean
que como un esclavo vil
los pies ahora me besas. (p. 48)

La actitud física del Príncipe, al besarle los pies al Rey, subraya su rechazo de los bienes terrenales y de su realeza[9]. Así se gana el cielo, no cargado de honores ni de gloria mundana, sino como desnudo ser humano:

Más tengo que agradecerte
que culparte, pues me enseñas
atajos para llegar
a la posada más cerca. (p. 49)

Después de esta demostración en términos escénicos del poder terrenal que ejerce el Rey sobre Fernando, aquél le manda que le rinda la ciudad de Ceuta:

REY Siendo esclavo, tú no puedes
tener títulos ni rentas.
Hoy Ceuta está en tu poder:
si cautivo te confiesas,
si me confiesas por dueño,
¿ por qué no me das a Ceuta ?
D. FER. Porque es de Dios y no es mía.
REY ¿ No es precepto de obediencia
obedecer al señor ?
Pues yo te mando con ella
que la entregues.
D. FER. En lo justo
dice el cielo que obedezca
el esclavo a su señor,

[9] P. N. Dunn, en un artículo interesantísimo, « *El príncipe constante*: a Theatre of the World », *Studies in Spanish Literature of the Golden Age presented to Edward M. Wilson*, ed. R. O. Jones, (Londres, 1973), p. 83–101, arguye que hay en la comedia una oposición constante entre papel y ser, y el rechazo de los papeles por Fernando le permite alcanzar la plenitud de su ser, mientras que los demás personajes permanecen ligados a sus papeles sociales.

porque si el señor dijera
a su esclavo que pecara,
obligación no tuviera
de obedecerle: porque
quien peca mandado, peca.

El Rey le amenaza al Príncipe, diciendo que « rigor tengo », a lo cual contesta Fernando, « y yo paciencia » (p. 50). Aunque, según los valores de este mundo, el Rey tiene el derecho de mandar que Fernando le obedezca en cosas lícitas, el Príncipe reconoce una escala de valores de más alta categoría que la terrenal, la de la religión cristiana. En este conflicto de lealtades reconocemos un problema universal que ocurre en todas las épocas, y que en la nuestra ha tenido sus ecos en Nuremberg y en Vietnam. Fortalecido por su fe cristiana, el Príncipe no vacila, pero no así Muley: tratando de pagar la deuda que ha contraído para con el Príncipe, determina darle la libertad, pero el Rey de Fez, adivinando sus intenciones, le hace a Muley carcelero del Príncipe. Muley se encuentra en « ciega confusión », ya que su lealtad al Rey prohibe que sea leal a su amigo:

Si soy contigo leal,
he de ser traidor con él;
ingrato seré contigo
si con él me juzgo fiel.
¿ Qué he de hacer (¡ valedme, cielos !)
pues al mismo que llegué
a rendir la libertad
me entrega, para que esté
seguro en mi confianza ?
¿ Qué he de hacer si ha echado el Rey
llave maestra al secreto ?
mas para acertarlo bien
te pido que me aconsejes:
dime tú qué debo hacer.

Es Fernando que tiene que decidir el caso, y otra vez no vacila:

Muley, amor y amistad
en grado inferior se ven
con la lealtad y el honor.
Nadie iguala con el Rey,
él sólo es igual consigo:
y así mi consejo es
que a él le sirvas y me faltes. (p. 63)

Así que Calderón ha demostrado que el Príncipe es el prisionero no sólo del Rey, sino también de su propio honor y de su adhesión a la jerarquía social.

El cambio de fortuna del Príncipe está señalado antes por un golpe escénico de rara fuerza emotiva. Habiendo mandado el Rey que hagan cautivo al Príncipe y que le echen cadenas al cuello y a los pies, los criados le llevan al Príncipe, todavía vestido de gala, y sale otra vez a las tablas despúes de un intervalo muy corto (de sólo 20 versos) ahora « con cadenas y vestido de cautivo ». Este brusco cambio subraya la manera en que la Fortuna ha dado la vuelta a su rueda, e indica al mismo tiempo que, en lo que queda de la acción, debemos mirar a Fernando, no tanto como príncipe, sino más bien como representante del ser humano preso en este valle de lágrimas que es la vida. En el acto III el aspecto físico del Príncipe decae ante los ojos del auditorio. Muley describe sus sufrimientos, diciendo que ahora se encuentra « enfermo, pobre y tullido »: « así la fuerza del mal / brío y majestad rindió » (p. 66). Su aspecto físico causa horror, más bien que lástima, en Fénix. El Príncipe pide limosna al Rey y a Fénix,

> mirad que hombre humano soy,
> y que afligido y hambriento
> muriendo de hambre estoy.
> Hombres, doléos de mí,
> que una fiera de otra fiera
> se compadece. (p. 77)

Ya no es Maestre, ni Infante, sino un cadáver; sin embargo no pierde su fe en Dios, ni en la religión cristiana:

> No has de triunfar de la Iglesia;
> de mí, si quisieres, triunfa:
> Dios defenderá mi causa,
> pues yo defiendo la suya. (p. 83)

Otra vez Fénix reacciona con dolor, horror, lástima y pavor. Muere el Príncipe, afirmando

> que espero
> que, aunque hoy cautivo muero,
> rescatado he de gozar
> el sufragio del altar;
> que pues yo os he dado a vos
> tantas iglesias, mi Dios,
> alguna me habéis de dar, (p. 86)

aludiendo así a la sepultura de los restos del Príncipe en una iglesia de Portugal, lo cual occurre después del rescate de su cadáver por el ejército lusitano.

Como se ve, aunque las restricciones del cautiverio están aplicadas por el Rey y sus criados, el verdadero responsable del cautiverio suyo es el mismo Príncipe: se ha rendido al Rey de Fez, ha rehusado el rescate a costa del entrego de Ceuta y se ha mantenido firme en su resolución de morir antes que traicionar a sus correligionarios y a su Dios[10]. También se puede decir que Fénix, hermosa, regia y fiera, se deja

[10] También hay que tener en cuenta que los casos de la fortuna influyen hasta cierto punto en la trayectoria vital de Fernando (y, claro está, en la de los otros personajes): considérense, por ejemplo, la casualidad de descubrir Muley la armada portuguesa, y la tormenta que diezmó ésta – hechos los dos que conducen a la derrota del ejército portugués; la casualidad de llegar el Rey en el mismo momento en que Muley ofrece poner en libertad a Fernando, etc. La fortuna, por tanto, se opone a los actos libres de los individuos, ya frustrándolos, ya ayudándolos.

encarcelar, aunque involuntariamente; pero, en el caso de la Princesa, son los temores vitales los que la afligen que corresponden a las cadenas y los grillos por los cuales está sujeto el Príncipe. La Princesa representa la efímera belleza de la vida humana. El vago sentimiento de melancolía que le aflige en el acto I puede atribuirse a dos causas: desde el punto de vista de la trama, está causado por el amor suyo por Muley, que él todavía no ha correspondido; desde el punto de vista temático, se debe a su reconocimiento de que su belleza es pasajera, que « al peso de los años / lo eminente se rinde », según la canción de los cautivos (p. 1). Estos vagos sentimientos están reforzados por la profecía de la caduca africana, por el consejo que le da Fernando en el jardín, por el espectáculo del decaimiento físico del Príncipe en el acto III, y por las bruscas amonestaciones que Fernando le da allí. Estos repetidos consejos tienen su paralelo en la lid cruel que causa Daniel en el corazón y alma del Rey Baltasar; y otra vez más sin resultado. Al punto de ser sacrificado al final de la comedia por su padre, está rescatado por el hecho de la muerte del Príncipe (así como lo había presagiado la caduca africana)[11]. Como fénix, resurge de las cenizas del Príncipe muerto, pero no se ha dado cuenta de los valores reales de la religión cristiana, ni se ha aprovechado del ejemplo vivo de Fernando, y continúa siendo la representación de la belleza efímera, premio apto para un caballero como Muley, pero nacido para morir sin posibilidad de resurrección. El nombre de Fénix es, pues, irónico, ya que el verdadero fénix es el mismo Fernando, que resurge gloriosamente como santo para ponerse a la cabeza de las tropas portuguesas[12]. Si, presa de sus temores vitales, la Princesa vive en el tiempo, el Príncipe vive para la inmortalidad.

También Muley vive dentro del tiempo. Hombre fiero, leal y valiente, representa el caballero perfecto, pero un caballero pagano o secular, viviendo sin el apoyo de la fe cristiana. No sabe sacarse de la situación difícil en que se encuentra cuando tiene que escoger entre la lealtad al Rey y al amigo, y tiene que apelar al juicio de Fernando. Durante toda la obra, hace lo que parece ser su deber; no pretende más

---

[11] Es interesante el papel del Rey en esta comedia. Le han considerado como cruel e injusto R. W. Truman (« The Theme of Justice in Calderón's *El príncipe constante* », *MLR*, 59 [1964] p. 43–52) y P. N. Dunn (artículo cit.). A. A. Parker ha escrito que « the remarkable feature of the play's theme is that there is no evil in it . . . » (reseña de A. E. Sloman, *The Sources of Calderón's « El príncipe constante »*, en *MLR*, 47 [1952], p. 254–56). Nos parece que el rey, también, se ve en una situación de la cual apenas si puede encontrar salida por ignorar la enseñanza de la fe cristiana. En todo caso, en el cuadro final, la interpretación de Dunn nos parece equivocada. El Rey se ve imposibilitado (según cree) para efectuar el cambio de Fernando por Fénix, ya que el Príncipe está muerto: al interpretar las leyes humanas al pie de la letra, no sabe concebir la posibilidad de cambiar un cadáver por una persona viva: de ahí su decisión forzosa de abandonar a Fénix a la muerte. La hija, al contrario, que ignora la muerte de Fernando, interpreta erróneamente la decisión de su padre como muestra de crueldad. Una vez más nos hallamos ante la oposición apariencia/realidad.

[12] La ambigüedad del símbolo del fénix en esta comedia ha sido analizado muy finamente por J. W. Sage en su artículo, « The Constant Phoenix. Text and Performance of Calderón's *El príncipe constante* », *Studia Iberica. Festschrift für Hans Flasche*, (Berne y München, 1973), p. 561–74.

que la mano de Fénix, el galardón de la belleza terrenal, y su firmeza y lealtad encuentran su premio al final de la obra cuando está casado con ella por la mano muerta de Fernando. El personaje se deriva del tópico de Regulus, introducido en la leyenda por Camoëns y desarrollado por Diego de Torres. Muley es Regulus, Curcius o Mucius vestido a lo moro. Caballero pagano, como hemos dicho, se encuentra en la cárcel de sus deberes seculares, y sin la llave de la religión que le dejaría salir de las dificultades que le confrontan[13].

Hemos visto que los personajes de esta comedia actúan conforme a las exigencias de la jerarquía social: Fénix obedece – o, al menos, finge obedecer – a su padre cuando éste pretende casarla con Tarudante; Fernando, como cautivo real, se deja entretener por el Rey o bien le besa los pies cuando éste se lo manda. No obstante, hay otras situaciones más problemáticas, donde ni las leyes sociales ni la razón sola pueden ofrecer ninguna solución: Muley, por ejemplo, incapaz de escoger entre el deber al rey y la lealtad al amigo, tiene que dejarse guiar por Fernando. De ahí, la necesidad de apelar a un contexto de valores superior y más amplio.

Podemos distinguir, pues, tres formas de cautiverio. En primer lugar, el encarcelamiento físico, al cual puede reaccionar el pajarito cantando alegremente en la jaula, o el ser humano con tristeza y desolación, es decir, emocionalmente. (E irónicamente, es precisamente Fernando, el santo, quien, en el muladar, canta alegremente, revelando así el parecido entre dos polos opuestos de valores, el parecido entre el animal irracional y el santo que ha superado la razón.) En segundo lugar, hay el cautiverio que consiste en el respeto que se debe, y que se rinde, a las leyes humanas o a la razón, sean las leyes de la caballería en el caso de Muley; sean las de estado en el caso del Rey; las del honor del siglo XVII en el caso de Gutierre de *El médico de su honra*; o las así llamadas leyes de astrología en el caso de Basilio de *La vida es sueño*. Y, finalmente, hay el cautiverio voluntario en que se encuentra el hombre que vive según las leyes de la religión cristiana, herido, como Santa Teresa, de la dulce llaga, haciendo uso de su libre albedrío para rendirlo a la voluntad de su Dios y alcanzando de esta manera la verdadera libertad que consiste en el desprecio de los valores humanos. Y, haciendo consonancia con estos tres tipos de cautiverio, hay tres tipos de libertad: la que consiste en la pura libertad física, la del ave que vuela por el campo, o del bruto que pace en la pradera, inconscientes los dos de que son libres; la de Fénix, o sea la del ser humano dotado de las gracias, del poder y de los bienes terrenales, pero preso de sus temores vitales; y la del príncipe Fernando, el cual, aunque físicamente encarcelado en el oscuro calabozo, se encuentra libre por su misma sujeción a la voluntad divina. En el último cuadro de la obra vemos estas distinciones en forma emblemática. En el suelo vemos a Fénix, presa por los portugueses pero libertada por el ruego del ya difunto Fernando; a pesar de esto, su libertad es solamente, digamos, condicional, ya que no ha podido liberarse del temor

---

[13] B. W. Wardropper aprecia la comparación entre Fernando y Muley cuando dice: « Muley represents constancy at the secular level; Don Fernando, constancy at the religious level », pero su interpretación está ofuscada por la tentativa de identificar a Muley con el « sentimental Moor ».

a las acciones del Tiempo, ni al de la muerte. Y arriba en el muro de la ciudad (es decir, en el balcón o 'lo alto del teatro'), vemos tambien el cadáver del Príncipe, todavía en poder de los moros, mientras que en las tablas está el actor que representa a su espíritu. El cuerpo puede quedarse en sujeción, pero el alma es – o puede llegar a ser – libre, si se sujeta a la voluntad divina. El dominio de sí mismo puede parecer otro tipo de esclavitud, pero si el hombre se domina a sí mismo para entregarse a Dios, encuentra la verdadera libertad, la que consiste en salir de la oscura cárcel de este mundo para entrar triunfante en el reino luminoso de Dios.

Teología dramática y romanticismo cristiano (Calderón y Eichendorff)

Una consideración histórico-filosófica[1]

Por Ansgar Hillach

Nuevas investigaciones sobre el barroco y su recepción romántica, así como sobre la poética de Eichendorff, permiten establecer una relación de afinidad electiva, pero también problemática, entre Eichendorff y Calderón, cuya obra tradujo en parte el poeta alemán. La nueva valoración de Eichendorff como crítico del subjetivismo romántico y su inclinación metafísico-figurativa hacia la cosmología cristiana, aparte de su capacidad específicamente romántica de asimilarse lo barroco de Calderón, deben asegurar a sus versiones de los Autos calderonianos[2] una atención que sobrepase el mero interés filológico e histórico-literario. La vinculación ideológica de ambos poetas, por lo que atañe a sus procedimientos de configuración simbólica, puede ser entendida como paradigma para la transcendencia de una interpretación cristiana de la naturaleza frente a las tendencias ilustradoras en el barroco y en el romanticismo, tendencias que, aunque en diferentes estadios de desarrollo, igualmente se orientan no sólo hacia la autonomía del hombre, sino hacia un dominio amplio y total sobre la naturaleza, despojada finalmente de toda « verdad » metafísica. Para una consideración poetológica e histórico-filosófica, aquel tradicionalismo aparentemente sobrepasado, incluso para su tiempo, pone de manifiesto, en sus intenciones poético-didacticas, no tanto un fallo como un esfuerzo, ciertamente en vano, por encontrar y vivificar la verdad acerca de la naturaleza y del hombre partiendo de las formas en su dimensión esencial y fenomenológica.

Para Calderón la metáfora del teatro del mundo, aun allí donde ésta no aparezca como tal, supone una concepción ontológica de la poesía, y esto en virtud de su interpretación del acto creador en un sentido plástico: Dios ha bosquejado en su espíritu una imagen ideal de su mística esposa, cuya realización es la propia criatura, la naturaleza humana. El teatro del mundo constituye entonces su dimensión

---

[1] Este texto en español no pretende ser sino un breve resumen de una conferencia pronunciada el 16 de julio de 1975 en el Cuarto Coloquio Anglogermano sobre Calderón, celebrado en Wolfenbüttel. El texto elaborado *(Dramatische Theologie und christliche Romantik. Zur geschichtlichen Differenz von calderonianischer Allegorik und Eichendorffscher Emblematik)* apareció en el cuaderno 2/1977 de la revista *Germanisch-Romanische Monatsschrift.*

[2] A Eichendorff le debemos la traducción al alemán de los siguientes autos sacramentales: *El gran teatro del mundo, El veneno y la triaca, El Santo Rey Don Fernando, La nave del mercader, La cena de Baltasar, El divino Orfeo* (1663), *El pintor de su deshonra, La serpiente de metal, Psiquis y Cupido* (1640), *La humildad coronada de las plantas, Los encantos de la culpa, El pleito matrimonial.*

histórica: La imagen animada por el soplo divino sale del paraíso a la escena del mundo, a la plaza profana de la vida del hombre, para desempeñar el papel que Dios le ha asignado. El hombre actúa empero en virtud del libre albedrío que le fué concedido como criatura privilegiada. Esta libertad le condujo seductoramente a una autoafirmación narcisista. Dios, sin embargo, ha querido celebrar una fiesta teatral que refleje su magnificencia. La escenificación como principio poetológico consiste entonces en una reconstrucción solemne del mundo en armonía con aquella idea establecida por Dios en su obra. Esta teatralización abarca todo el proceso de salvación, tanto el estado paradisíaco original como la ley escrita del Antiguo Testamento y el restablecimiento del estado de gracia por medio de la muerte redentora. De la misma manera que el suceder histórico como proceso de la salvación es « representación » en su doble sentido: presentación y representación, así el teatro es un arte que hace escénicamente visible la conducción del hombre por Dios a través de la historia en su dimensión real y simbólica. Con ello la naturaleza visible cobra la significación de un decorado provisto de todos los elementos escenográficos que dan a la escena del mundo el festivo encanto exigido para poder operar las transformaciones de lugar y los actos maravillosos. La naturaleza cósmica no tiene una unidad natural ni subjetividad en sí misma; aunque a veces se le llama pintora y otras pincel, nunca aparece como figura alegórica – la « naturaleza » como alegoría es siempre la humana. Dios como unidad de la « natura naturans » se vale de sus particulares funciones como medios para llevar a cabo el plan de salvación que el autor (creador, dramaturgo y director de escena) pone en su obra. Con todo, la naturaleza en todas sus esferas comparte la pérdida universal de la gracia, de la que el hombre se hace deudor como ser dotado de libre albedrío.

El engaste barroco tardío de esta conexión se evidencia en el hecho de actualizarse tan sólo en la reconstrucción de una realidad previamente fragmentada. Ello hace necesario un procedimiento alegórico, para cuya continuidad Calderón echa mano de todos los medios retóricos del estilo culto puestos a su alcance. En el Auto Sacramental, donde lo que propiamente habría que mostrar, el misterio de la gracia sacramental de Dios, no puede ser mostrado, el principio de la forma de reconstrucción teatral de Calderón aparece radicalmente traducido merced a su abstracción alegórica. No es, pues, la acción representativa del proceso de la salvación lo que tiene realidad teatral, sino la escena temáticamente convertida en el propio concepto del mundo. El mundo representado es el espacio de la acción de los conceptos que en él actúan, los cuales en su totalidad y en su ordenamiento funcional reflejan la estructura de la historia universal.

El hecho de que en el teatro barroco español las estructuras alegóricas aparezcan distintamente acuñadas a las descritas por Walter Benjamin en su libro sobre la tragedia barroca alemana[3], hay que atribuirlo ante todo a la recepción artística de la doctrina sacramental definida por Tomás de Aquino y el Concilio de Trento. Esta

---

[3] Walter Benjamin, *Ursprung des deutschen Trauerspiels*, Frankfurt am Main 1963.

recepción que constituye el Auto Sacramental como género alegórico[4] tiene formalmente validez para la estructura simbólica de toda la obra calderoniana. Los sacramentos son signos visibles que proporcionan a los fieles, por mediación de la Iglesía, la gracia recuperada. A través de ellos se opera la obra permanente de la salvación, con la cual Cristo, en la nueva alianza, levanta a la criatura caída y la eleva hacia sí. Pues de hecho lo específico de la forma sacramental consiste en operar lo significado por su materia significativa y en ser repetible en el acto sacramental la salvación una vez operada por Cristo. Los signos y acciones materiales (la « materia » del sacramento) adquieren significación no sólo en virtud de la institución del sacramento, sino antes bien se valen de la significación establecida ya en la vida del hombre (el agua como elemento de la purificación, el pan como alimento etc.), la cual ha estado siempre al servicio del culto en la tradición religiosa. Esta significación a la vez vital y cúltica se precisa a través de la obra de la salvación en la historia y se actualiza en la aplicación instrumental de la gracia. Pues la gracia se sirve de la materia del sacramento como de un instrumento para operar la salvación, y, de manera semejante, se sirve del sacerdote, que, « ex opere operato », es decir independientemente de su estado de posesión o carencia de gracia, otorga el sacramento. El poder de la gracia, que se manifiesta avasalladoramente en virtud del carácter específico de la salvación, que fué un sacrificio de amor, no se limita a la vía del sacramento. Instrumento de la gracia operante en la historia puede ser todo lo que sucede, incluso el mal. La alegoría de Calderón tiene en cuenta este poder avasallador e irresistible de la salvación en tanto que instrumentaliza por su parte las cosas, las fragmenta, las libera de sus ataduras materiales para reconstruirlas de nuevo en sus infinitas analogías y ensambladuras e incorporar de esta forma el mundo profano a la historia sagrada. Y es tan sólo en el margen de este designio por el que Calderón respeta el ser natural de las cosas del mundo.

Frente a la decadencia del imperio español y a las muestras de desintegración de su política interior, el esfuerzo de Calderón por una superación alegórica se hace cada vez más patente en su obra, al tiempo que su procedimiento espiritual aspira a un mayor rigor y estoicismo. Con este poder que la gracia confiere, Calderón, visto desde nuestra perspectiva actual, se sitúa en el proceso histórico del dominio sobre la naturaleza, el cual comenzó entonces a despojarse de su mítica vestidura para asentarse sobre la base práctica de la productividad económica. Todo objetivismo de una teología de la magnificencia, estóicamente sustentada, no altera el hecho de que su empleo alegórico no solamente no fué capaz de detener el proceso de ilustración iniciado por el mundo burgués, sino que más bien lo fomentó en el sentido de convertir la naturaleza en objeto de sistemática elaboración. Sin duda el movimiento de la salvación por sí mismo no es equiparable del todo al proceso técnico del desarrollo de las ciencias naturales y de la praxis económica, sobre las que se basa la

---

[4] Compárese mi estudio *Sakramentale Emblematik bei Calderón (El veneno y la triaca)*, que aparecerá 1978 en: Emblemforschung, ed. por Sibylle Penkert, Darmstadt: Wissenschaftliche Buchgesellschaft.

ilustración; pero desde el punto de vista del movimiento propio y orgánico de la naturaleza *negado* por aquéllas, y de la totalidad de sus pretensiones de dominio, la concepción barroca calderoniana de la teología de la salvación ejecutada, en el plano alegórico, contra la naturaleza, se puede comparar, en efecto, con las rigurosas intervenciones de las prácticas ilustradoras. –

Eichendorff parte precisamente de este punto en que las pretensiones de dominio mecánico de la naturaleza se manifiestan como una violencia cometida contra élla. El barroco y el romanticismo cristiano se encontraban ambos confrontados en una marcha ascendente hacia la ilustración, frente a la cual la función rectora de la vida según la imagen tradicional cristiana del mundo, sustentada por ambos poetas, debiera haberse mantenido en pie y reactualizado. Desde este punto de vista marchan juntos Eichendorff y Calderón. Pero Eichendorff realiza una interpretación significativamente romántica de Calderón, en tanto que encuentra en el español la realización ideal de la harmonía cristiana entre la naturaleza y el hombre, prefigurada en la mística panteista de Jakob Böhme y, en cierta manera, también en Goethe. La unidad cristiana de una vida integral, proyectada sobre el dramaturgo barroco, podría servir de ejemplo y estímulo para aquel romanticismo eterno, para aquella nostalgia que actúa salvadoramente en la historia, y que no se colma sino con la consumación de los tiempos.

La posición culminante de Calderón para el mundo poético cristiano-romántico, junto con los nuevos conocimientos obtenidos de las estructuras simbólicas utilizadas por Eichendorff y sus miras de eficacia histórico-social, todo ello permite plantear el problema[5] de hasta qué punto los recursos poéticos de Eichendorff pueden ser adecuados para la alegoría de Calderón como representante del barroco español por excelencia. Ciertamente Eichendorff echa mano, en su procedimiento figurativo, de las tradiciones de una interpretación emblemática de la naturaleza y de los modelos intelectuales del barroco, pero aquellos medios están puestos por él al servicio de una construcción histórico-filosófica que recoge las concepciones idealistas de una educación de la humanidad y las refunde luego en la historia de la redención. Mientras que para la emblemática barroca el « libro de la naturaleza » era algo mudo, un testigo inerte del logos divino, un jeroglífico que esperaba ser ordenado y descifrado, en Eichendorff la naturaleza adquiere una vida propia, capaz de expresión, que no sólo puede ser percibida y entendida como una lengua soterrada, sino que quiere ser traducida en una lengua humana e incorporada como tarea a la vida histórica. El hombre, en su aspiración a la verdad y a la salvación, ya no está únicamente encomendado a la mediación de la Iglesia, a su doctrina y a sus sacramentos, sino que también puede sentirse amparado en la naturaleza visible y palpable, vinculado con sus sentidos y su corazón al alma vegetativa de la naturaleza. En ella se reconoce una ley evolutiva que se articula en una lengua

---

[5] Véase el texto elaborado del presente estudio en *Germanisch-Romanische Monatsschrift* 2/1977 y el trabajo comparativo de la edición crítica de las traducciones eichendorffianas, actualmente en obra.

natural orgánica que tiende a la luz como punto céntrico de la vida. En la concepción eichendorffiana del teatro del mundo, asimilada del barroco, la naturaleza ya no es un maravilloso decorado escenográfico, un objeto alegórico susceptible de ser mostrado e interpretado; en la medida que habla, parece querer desempeñar un papel. Pero en realidad se trata en tal caso más bien de una naturaleza aislada frente a Dios por culpa del hombre, tal como aparece plasmada y tipificada en la figura de Venus. En cambio, la naturaleza como creación y « analogía entis » está concebida como « persona » dramática en sentido estricto, a través de la cual habla la voz de Dios. En esta concepción ideal del teatro del mundo, la objetividad de la naturaleza, que en el procedimiento alegórico de Calderón amenazaba con convertirse en disponible material de una elaboración constructiva, se halla recuperada, porque se orienta al hombre en el plano común de criatura sensitiva, sin estar sometida a la piadosa arbitrariedad del poeta o la profana del hombre económico.

Desde el punto de vista poetológico la diferencia entre la naturaleza mostrada y la naturaleza elocuente fundamenta dos concepciones distintas de la creación poética: la de Calderón rivaliza con la pintura en la fragmentación artificial de las impresiones sensoriales y con la teología en la síntesis conceptual; la de Eichendorff, en cambio, se realiza como un reflejo de aquella poesía que brota de la boca de la naturaleza misma, de su « persona », y que se manifiesta en su murmurar misterioso, encontrando su adecuación en las fórmulas de la poesía popular. Mientras aquí el arte del poeta consiste en seguir el poetizar mismo de la naturaleza como anticipación de una nueva unidad cristiana de la vida, de un teatro libre de imposiciones dogmáticas y económicas, Calderón pone en marcha la energía de la reflexión conceptual y teológica para reconstruir el teatro del mundo partiendo de su noción abstracta. Si esto señala la diferencia esencial e histórica entre los dos poetas, la interpretación romántica de Calderón, realizada en las traducciones de Eichendorff, no puede ser considerada tan sólo desde un aspecto meramente estético[6].

---

[6] Agradezco a Jaime Ferreiro Alemparte la ayuda prestada en la traducción del presente texto redactado previamente en alemán.

El retrato del tirano Aureliano en *La gran Cenobia*

Por Hildegard Hollmann

Varias obras de Calderón – algunas muy importantes – tratan del problema de la tiranía. Calderón presenta la figura del tirano en su pasíon por el poder político y dramatiza las repercusiones que dan en los individuos en un plano personal. Muestra el poder siempre en función de las voluntades humanas y la relación recíproca de esas voluntades. Pero a Calderón no le basta mostrar el abuso del poder; le interesa la esencia del poder, la fuerza metafísica que trasciende al individuo y al estado.

La idea del poder absoluto, apoyado por el sistema riguroso de la razón de estado, llega a ser la filosofía política del siglo XVII que los humanistas cristianos rechazan. Es un siglo de revoluciones y de la Guerra de 30 Años, que produce generales y monarcas despóticos. Aparece también el sistema de los validos que usan del poder si no hay reyes fuertes. En España, Calderón presencia el caso del Duque de Lerma bajo Felipe III y del Conde-Duque de Olivares bajo Felipe IV. (En el siglo anterior, los protestantes holandeses e ingleses tomaron por tirano a Felipe II, igual como los católicos consideraron a la Reina Isabel I de Inglaterra como tirana.)

Así es un hecho real el ejercicio del poder absoluto. La imagen de los tiranos poderosos y caídos de la edad antigua también está presente en la mente de la gente porque los conoce por la literatura y el arte[1]. Por eso, al público le es fácil reconocer la actualidad en obras tales como *La gran Cenobia*. Este drama es uno de los primeros de Calderón, representado en Madrid en 1625. Se basa en la historia antigua del siglo III d.d.J.C., pero los personajes de Aureliano y Cenobia no son retratos fieles de esa edad. El propósito de este estudio es analizar la actuación de Aureliano y tratar de apuntar las alusiones a la situación política del siglo XVII.

Aureliano, emperador de Roma, es una exageración dramática. Abusa del poder imperial que le lleva a la caída. Su antagonista, la reina Cenobia de Palmira, se le muestra muy superior, tanto en la batalla como en su conducta humana y actitud espiritual. Encarna las virtudes de la ecuanimidad, la observancia y la amistad, y por eso tiene la fuerza moral de soportar las tribulaciones que tiene que sufrir bajo Aureliano[2]. Desde el principio de su carrera literaria, Calderón mantiene a la mujer

---

[1] Alrededor de las figuras de Aureliano y Cenobia se habían tejido leyendas inspirando tanto a poetas como pintores, desde Petrarca hasta Giambattista Tiepolo bajo Carlos III.

[2] En la *Historia augusta*, la fuente principal de Calderón, no hay ninguna referencia que Aureliano hubiera sido tirano. En efecto, se le consideraba como buen emperador que

en un puesto muy elevado, rehusando aquí como en otras obras la ley Sálica que es parte de la teoría del origen divino de los reyes.

La primera escena de *La gran Cenobia* – escena fantástica – muestra bien el carácter de Aureliano. Aparece en las montañas adonde se ha retirado porque Quintilio fue coronado emperador de Roma. El mismo había tenido la esperanza de ser elegido a causa de sus victorias militares como general. Para compensar su desilusión, pretende ser rey de los animales en el monte. Lleva pieles que simbolizan la fiereza de su espíritu y sus pasiones sin control, incompatibles con las condiciones del buen soberano; también significan su exclusión de la sociedad[3].

Dado que no puede ser soberano del imperio romano, prefiere vivir aislado creándose una situación ilusionaria según su anhelo por el poder político. Pero Aureliano no es un hombre pasivo; necesita obrar. Es su soberbia (la hubris en la tragedia griega) que le mueve y no un sentido de inevitabilidad o resignación. Pertenece a ese grupo de hombres que, tratando de sobreponerse a su fracaso, pretenden tener éxito y desarrollan fantasías de dominio. En su imaginación Aureliano ve que Quintilio, herido a muerte, le ofrece su cetro[4].

> Ves aquí mi laurel, mi cetro toma,
> que tú serás emperador de Roma. (71 a)[5]

Aunque está bastante perturbado, pronto declara: « Narciso pienso ser de mi fiereza » (72 a). El temperamento básico de Aureliano corresponde a la descripción que Huarte de San Juan da en su *Examen de ingenios* (1575):

> Los hombres de grande imaginación ordinariamente son malos y vicios, por se dexar ir tras su inclinación natural, y tener ingenio y habilidad para hazer mal[6].

La alucinación se hace realidad. La corona y el cetro están a los pies de Aureliano. Astrea, la sacerdotisa de Apolo, le anuncia que los dioses le han escogido para ganar grandes victorias en su nuevo puesto de emperador de Roma.

---

introdujo muchas reformas. Sólo en la *Historia de la Iglesia,* por Eusebio, hay una referencia que Aureliano persiguió a los cristianos. Fue asesinado por intrigas. Jean Bodin, en su *République,* ve a Aureliano de este modo mientras que describe a Cenobia como tirana que fue sospechosa de haber asesinado a su marido, el emperador Abdenato. Es interesante notar que Calderón invierta la situación haciendo de Aureliano tirano y de Cenobia una reina admirable.

3 No es probable que una persona ambiciosa encuentre alivio en el retiro imaginándose ser rey de las fieras. Ni la torre de Segismundo *(La vida es sueño),* ni la cueva de Semíramis (*La hija del aire,* I), ni la de Leonido y Eráclio *(En esta vida todo es verdad y todo mentira)* constituyen situaciones concretas de la vida. Sin embargo, Calderón crea así una imagen poderosa del hombre como entidad en sí mismo, aislada de las influencias de la civilización.

4 En Calderón, un sueño muchas veces predice un suceso ominoso, como por ejemplo en *La cisma de Ingalaterra* donde Enrique VIII ve la imagen de una mujer bella que será la causa de su ruina. Así la primera escena en *La gran Cenobia* predice la caída de Aureliano.

5 Todas las citas de *La gran Cenobia* y otros dramas se refieren a Don Pedro Calderón de la Barca, *Obras completas,* I: *Dramas,* ed. Ángel Valbuena Briones, Madrid, 1966.

6 Citado por E. C. Riley en « Alarcón's *mentiroso* in the Light of the Contemporary Theory of Character, » *Hispanic Studies in Honour of I. González Llubera*, Oxford, 1959, 291.

Incita al ejército que lo aclamen como su soberano. Roma encontrará, según ella, otra vez gloria y orden político después del caos que resultó de la muerte de Quintilio[7]. Por consiguiente, tiene lugar la elección de Aureliano como legítimo emperador de Roma, pero ya al vitorearlo los soldados, Aureliano contesta en términos inequívocos:

> Viva, para ser azote
> sangriento y mortal asombro
> de la tierra . . . (73 b)

Mientras que se corona en el monte con laurel, en la jornada III, después de haber prendido a Cenobia, la vanidad le causa al emperador protagonizar una segunda coronación. Ya no le basta laurel, ahora escoge oro:

> . . . inmortal diadema
> de oro corona mi frente;
> que ya quiero que esta sea
> insignia de emperadores,
> ciñendo yo la primera. (93 b)

Según la historia, Aureliano reformó la acuñación. Hizo estampar una moneda en la cual él mismo apareció como dios, así estableciendo un culto de emperadores. Es obvio que Calderón aluda a la teoría de origen divino de los reyes de su tiempo señalando los peligros y las probables consecuencias para una nación.

Parece que otra vez nuestro poeta se refiere a esta institución cuando deja a Aureliano declarar:

> Pequeño mundo soy, y en esto fundo
> que en ser señor de mí, lo soy del mundo. (72 a)[8]

---

[7] Calderón consagra un pasaje a la descripción del desorden de estado intentando presentar, sin duda, a la conciencia de sus contemporáneos el desorden político que prevalece en su patria. Astrea explica la situación a Aureliano para que él se dé cuenta de sus obligaciones. Los soldados mismos mataron a Quintilio porque

> siendo cruel y ambicioso,
> causó en los pechos del vulgo,
> en vez de obediencia, enojo. (72 b)

Sobrevinieron nuevos alborotos; el ejército se dividió en dos bandos por falta de consenso en la elección del nuevo emperador:

> se amenazaron furiosos,
> forjando rayos de acero
> en esferas de humo y polvo. (72 b)

Hacía falta un hombre de armas quien, como Aureliano, poseyera la capacidad de mandar y poner en orden el estado. Lo trágico es que ese hombre, igualmente ambicioso, se convierta en tirano.

[8] Con referencia a estas líneas, Francisco Rico, en *El pequeño mundo del hombre*, Madrid, 1970, 249, observa lo siguiente: « Es sólo un modo de endulzarse la amargura, pero Aureliano no sospecha hasta qué punto lo confirmará su destino: pues, coronado ya emperador, cede a la soberbia y a la crueldad; y, perdiendo el dominio de sí mismo, pierde también trágicamente el poder y la vida. Cuando el hombre no es microcosmos cabal, dueño de sí, el macrocosmos se le rebela. »

Las expresiones de « pequeño mundo, » « breve mundo, » « mundo menor, » etcétera, que reaparecen en muchas obras calderonianas, son una comparación directa del hombre con el mundo, o el estado; eran lugares comunes en la literatura europea. La mente del siglo XVII vio a los hombres en relación con las tres regiones de su existencia: el microcosmos, el macrocosmos, y la entidad política. Aureliano supone que al ser dueño de sí mismo (el pequeño mundo) se convierta en dueño del mundo. Por eso se identifica con el universo entero automáticamente no aceptando ninguna regla ni ley ni límite excepto su propia persona. Es una metáfora del poder absoluto, sin control, que no cabe dentro del vaso humano, según la ética cristiana. El hombre, para Calderón, no es la medida de todas las cosas. En el mito de Protágoras, Platón demuestra que la libertad humana depende del orden político; que el hombre se destruye si vive sin reverencia y sin justicia.

La imaginación convierte a Aureliano en Narciso a causa de su confianza excesiva en sus habilidades. Tal como Narciso, venera la imagen de su figura en una fuente:

> ¡ Oh sagrada figura !
> haga el original a la pintura
> debida reverencia,
> cuando, llevado en mis discursos, hallo
> que yo doy y recibo la obediencia,
> siendo mi emperador y mi vasallo. (72 a)

Siendo introvertido y auto-suficiente, se imagina ser, al mismo tiempo, emperador y su propio vasallo; es decir, dando órdenes y, en sentido figurativo, obedeciéndolas, piensa poder controlar la marcha de los sucesos[9]. Es una elaboración más del concepto del microcosmos y la entidad política.

A diferencia de Narciso, Aureliano está decidido a no caer víctima de su auto-contemplación. Proclama:

> Narciso, en una fuente,
> de su misma belleza enamorado,
> rindió la vida; y yo más dignamente,
> dando toda la rienda a mi cuidado,
> si no a mi belleza,
> Narciso pienso ser de mi fiereza. (72 a)

Calderón aplica el mito griego de Narciso no al plano sexual sino lo relaciona con su tema: el abuso del poder. El emperador piensa dedicarse a la dominación del mundo. Su promesa de convertirse en « Narciso de su fiereza » es el preludio al argumento del drama entero. El poeta muestra que el hombre, si es víctima de sus pasiones, se iguala a los animales en fiereza.

---

[9] Aureliano va a enterarse de que la situación de estar solo, sin amigos, al hombre no le es posible. Calderón expresa esta idea de una manera muy clara en *Saber del mal y del bien* (1628) donde un rey desilusionado le pide a un confidente que se quede con él en su aprieto porque « no es posible que un rey / viva sin tener un Polo / con quien partir el poder. » (*Dramas*, 235 a)

La preocupación principal del nuevo emperador es la conquista de Palmira y de la reina Cenobia para probar su superioridad militar y verse dueño de sí mismo. En la guerra que sigue pone al desnudo su manera de operar. Al encontrarse en gran peligro denuncia a los dioses. Según él, Júpiter y Marte son débiles y así han procurado su derrota, la cual a él le parece tanto más seria porque la causa una mujer. Quiere vengarse en Apolo dando muerte a Astrea. Su falta de respeto a los dioses y la negación de la existencia de una autoridad superior al poder temporal dan testimonio de la mentalidad cruda de Aureliano. No está guiado por la razón ni la justicia. Porque es incapaz de desarrollar una concepción ético-moral del mundo, sus acciones formarán una cadena de brutalidades desacatando por completo las leyes natural y positiva.

Para librarse de su dificultad, Aureliano promete el puesto más alto en su imperio al que le libre, excepto a su general Decio a quien odia, pero quien, no obstante, – así lo exige la ironía dramática – acude en su ayuda, sin ser reconocido. Es fácil prever que al emperador no le importará cumplir su palabra. Una situación semejante se presenta cuando Libio, el sobrino de Cenobia, traiciona a la reina y la entrega en manos de Aureliano. Éste le promete partir la corona con él, pero en realidad desprecia al traidor, y más tarde lo condena a morir[10].

Sucede solamente una vez que Aureliano conoce unos sentimientos que no tienen nada que ver con su empeño por la gloria. Antes de empezar la campaña ha declarado:

> . . . voy a triunfar de mí,
> del poder y la hermosura. (76a)

En otras palabras, intenta desdeñar a Cenobia como reina y como mujer. Sin embargo, en presencia de su prisionera real siente ternura ante la belleza femenina, aunque se contenga. Cree que el amor impide el éxito y debilita la voluntad. No puede distinguir entre la pasión erótica y un amor que ennoblece. De la misma manera confunde la fuerza brutal con el valor. Así exclama:

> Cenobia, enternecido
> vuelvo a mirarte, del dolor vencido.
> Sufre, padece y siente,
> gime, suspira y llora;
> . . . .
> Esto puede el valor, no la fortuna. (92a)

Aureliano profana en Cenobia la imagen de la belleza femenina que es el símbolo

[10] Daniel L. Heiple, en su estudio « The Tradition behind the Punishment of the Rebel Soldier in *La vida es sueño* », *Bulletin of Hispanic Studies,* L (1973), ha mostrado que el castigar al traidor por el hombre que se ha beneficiado de la traición tiene una tradición larga desde la antigüedad. Resume la justificación en la siguiente frase: « . . . the benefits derived by a ruler from an act of treason do not justify an intrinsically immoral act nor except its agent from the punishment he deserves. » *Ibid., 16.*

visible del bien[11]. Entonces pierde toda posibilidad de regeneración moral y espiritual[12]. Para mostrar su desprecio y satisfacer su deseo de humillar públicamente a su prisionera, la ata a su carroza triunfal que tiran esclavos asirios en vez de caballos. Este acto caprichoso representa el colmo de los impulsos sádicos de Aureliano. Desdeña en su adversaria la condición real, colocándola al nivel de los esclavos. No entiende que si tratara a su prisionera con respeto, aumentaría su renombre personal tanto con sus súbditos como con sus enemigos[13]. Sus viles instintos quieren destruir toda clase de ideales que se oponen a su plan de dominación. Aureliano rechaza la idea de dignidad *per se*, en Cenobia como en Decio, y no se preocupa por su propia reputación. Para él, conflictos de conciencia no existen[14].

Es claro el propósito calderoniano de oponer las malas consecuencias del poder sin control a los resultados benéficos de una monarca caritativa pero resuelta. Cenobia tiene éxito en la batalla, trata a sus súbditos con consideración y justicia; es una persona virtuosa e ilustrada que está escribiendo una Historia de Oriente para dejar a la posteridad noticias precisas sobre su reino. Al estar presa se somete por completo a Aureliano, según las leyes de guerra, y acata la virtud de la observancia, la cual está subdividida por Santo Tomás en servitud y obediencia. Al emperador le explica su filosofía estoica de la vida. Mantiene que no hay estabilidad en el mundo,

---

[11] Según Platón, la contemplación de la belleza lleva al intelecto a la idea de la belleza misma. En la tradición literaria desde la escuela del « Dolce stil novo » no son las cosas bellas, sino la mujer hermosa (la belleza corporal y moral juntas) la que representa la imagen de la belleza pura. El amor y el valor no son incompatibles. En el *Symposium* de Platón, Fedro declara que el amor inspira al hombre hazañas nobles: « That courage which, as Homer says, the god breathes into the soul of some heroes, Love of his own nature infuses into the lover. » *The Works of Plato,* selected and edited by Irwin Edman, New York, 1934, 327.

[12] Segismundo, en *La vida es sueño,* se conmueve ante la hermosura de Rosaura y aprende afirmar su noble naturaleza. En *Las armas de la hermosura,* las convicciones moral y espiritual de una mujer hacen al protagonista cambiar su determinación de destruir Roma. A causa de su amor por Coriolano, Veturia logra persuadirlo que es más noble perdonar que vengarse.

[13] En *El príncipe constante* (1628), el Rey de Fez trata a su prisionero, Don Fernando, con gran consideración. Solamente cuando el príncipe cristiano se niega a entregar Ceuta a los musulmanes, le trata como esclavo corriente que también constituye un acto tiránico. Sin embargo, en este caso la tiranía se dirige al bien común, i. e., la unidad religiosa, y por eso se podría justificar.

Respecto a Don Fernando, éste representa la antítesis del tirano calderoniano. Renuncia a su condición de príncipe porque no quiere que miles de cristianos caigan en manos de los moros. En cierto momento se pregunta: « ¿ Soy más que un hombre ? » (*Dramas,* 263b). La respuesta, por supuesto, es « no » – no es más, sino nada más que un hombre.

[14] La manera del emperador de reinar corresponde a la descripción que Aristóteles da del tirano:

« It is the habit of tyrants never to like a man [or woman] with a spirit of dignity and independence. The tyrant claims a monopoly of such qualities for himself; he feels that anybody who asserts a rival dignity, or acts with independence, is trenching on his prerogative and the majesty of his sovereign power; and he hates him accordingly as a subverter of his own authority. » *The Politics of Aristotle,* trans. with an Introduction, Notes and Appendixes by Ernest Barker, Oxford, 1968, Bk. V, 1314a, 246.

fortuna dirige los destinos: Quien está victorioso hoy podrá ser vencido mañana y, al revés, él que cae alguna vez puede levantarse de nuevo. Dado el influjo constante en la existencia humana, Cenobia está convencida de que un triunfo no se puede atribuir al mérito personal sino más bien a las circunstancias de la fortuna:

> que mañana es otro día,
> y a una breve fácil vuelta
> se truecan las monarquías
> y los imperios se truecan. (93b)[15]

Se nota el tono pesimista, la reflexión del poeta sobre la condición humana que, para Calderón, siempre está relacionada con el ejercicio de la autoridad. Se da cuenta de las ilusiones del poder y las inconstancias de la potencia política. En estos años, España todavía es la monarquía más poderosa del mundo, pero el dramaturgo parece ya prever la catástrofe de los años futuros cuando « la rueda de la fortuna » situe a España en un segundo lugar.

Porque el emperador ha provocado el odio de todos, incluso de los soldados, se atenta contra su vida. El tema de la venganza es el corolario del tema principal de la tiranía. Es el general Decio quien desempeña el papel de matar al tirano. Fue el primero en sufrir los abusos del emperador y entonces predijo que no hay « ni tirano sin temor, / ni ofendido sin venganza. » (76b).

Calderón ha entretejido los destinos de Decio y Cenobia de tal manera que el general tiene que vengar las afrentas al honor en los dos. También los romanos tienen el derecho de destronar a su emperador porque ha degenerado en tirano[16]. Porque

---

[15] Decio manifiesta las mismas ideas cuando trata de justificar al emperador su derrota por Cenobia, que sucedió antes de empezar el drama. Es en este momento que Aureliano le quita a Decio la espada y así le quita el honor.

Ángel Valbuena Briones ha estudiado la influencia de Séneca en la obra calderoniana. Señala que « La filosofía estoica concede especial significación al concepto de la Fortuna. Séneca avisa en los coros de *Fedra* que aquélla rige 'sin orden alguno los negocios humanos y con mano ciega esparce sus dádivas,' y que 'no guarda a nadie fidelidad.' . . . De aquí que exalte el valor de los mejores, pues 'sólo en la fortuna adversa se hallan las grandes lecciones de heroismo.' » « El senequismo en el teatro de Calderón », *Papeles de Son Armadans,* XXXI (1963), 252–4.

[16] Cuando unos soldados piden el pago después de la guerra, Aureliano deniega su solicitud con la excusa de que es un honor servirle y esto basta. A una viuda dice que no es su responsabilidad ayudarla sino la del enemigo quien mató a su marido. Además, la suerte del pueblo es ser pobre, a él no le importa. Afirma:

> Sufran y padezcan, pues;
> que pues el cielo los hizo
> pobres, él sabe por qué. (98b)

Esta actitud provoca la cólera de los soldados quienes también sienten el deseo de librarse de su soberano. Así declara uno:

> Mas su piedad nos dé
> ocasión para librarnos
> de un tirano. (98b)

Es una escena muy corta pero sirve para reforzar el derecho a deshacerse del emperador tiránico.

han presenciado los viles actos de infamar a personas ilustres, aceptan de buena gana a Decio como su propio verdugo. Así Decio es el ejecutor de la justicia. Representa la virtud de la venganza en la tradicional doctrina romano-católica de « justicia vengativa » que no paga el mal con el mal, sino obedece al propósito de suprimir la maldad.

Fue Santo Tomás quien abogaba por matar al tirano en ciertas circunstancias. En el caso de un soberano legítimo afirmó específicamente la obligación de desobedecer a tal monarca cuando « what is ordered by an authority is opposed to the object for which that authority was constituted »[17]. Los pensadores jesuitas de los siglos XVI y XVII siguieron los argumentos de Santo Tomás. Sancionaron el acto de matar al tirano (al usurpador como al rey legítimo), ante todo por razones de defensa propia. El Padre Mariana era el más franco de todos en autorizar el tiranicidio. Conserva la diferenciación tradicional entre el tirano que toma el poder por la fuerza:

> . . . the Prince who seizes the State with force and arms, and with no legal right, no public, civic approval, may be killed by anyone and deprived of his life and position[18];

y el rey que se vuelve tirano:

> It is true that if the prince holds the power with the consent of the people or by hereditary right, his vices and licentiousness must be tolerated up to the point when he goes beyond those laws of honor and decency by which he is bound[19].

Mariana insiste en que no se debe cambiar a los soberanos sino con mucha prudencia; sin embargo, si el monarca legítimo infringe las leyes del reino en cuanto a la religión, la sucesión al trono, los impuestos, prohibe o impide la reunión de las Cortes, entonces es tirano y el estado debe desembarazarse de él. La asamblea del pueblo tiene que ponerle sobre aviso a enmendar su conducta. Si el soberano se niega a reformarse, entonces serán oportunas medidas violentas para preservar la libertad[20].

---

[17] *Aquinas' Selected Political Writings*, ed. with an Introduction by A. P. D'Entrèves, trans. by J. C. Dawson, Oxford, 1965, 183.

Con referencia a tal situación declara Santo Tomás más específicamente: « In particular, where a community has the right to elect a ruler for itself, it would not be contrary to justice for that community to depose the king whom it has elected, nor to curb his power should he abuse it to play the tyrant . . . So the Romans deposed Tarquinius the proud, whom they had previously accepted as king, because of his and his children's tyranny . . . So also Domitian . . . was slain by the Roman Senate because of his tyranny. » *Ibid.*, 31, 33.

[18] Juan de Mariana, *The King and the Education of the King (De rege et regis institutione)*, trans. from the Latin First Edition, Toledo: Petrus Rodericus, 1599, by George Albert Moore, Washington, D. C., 1948, Bk. I, VI, 147.

[19] *Ibid.*

[20] El siguiente párafo aclara su razonamiento: « If he refuses to mend his ways, and if no hope of a safe course remains, after the resolution has been announced, it will be permissible for the commonwealth to rescind his first grant of power. And since war will necessarily be stirred up, it will be in order to arrange the plans for driving him out, for providing arms, for imposing levies on the people for the expenses of the war. Also, if circumstances require, and the commonwealth is not able otherwise to protect itself, it is right, by the same law of defense and even by an authority more potent and explicit, to declare the prince a public enemy and put him to the sword. » *Ibid.*, 148.

Aureliano nunca se ha preocupado por el bien público, ha infringido los derechos de los súbditos indistintamente aunque ha sido prevenido contra sus abusos. El aspecto de la resistencia y el tiranicidio está entrelazado con el problema del honor ofendido (además de las obligaciones de amistad que Decio tiene hacia Cenobia) de tal manera que se justifica no sólo el destronamiento del emperador sino el asesinato. En la escena final Decio subraya el hecho de que su matanza es un acto de venganza contra un tirano cruel y contra el ofensor de su honor[21]. Un soldado, como portavoz del pueblo romano, afirma: « Pues aquesta es / justa venganza de todos » (100b). En seguida, los soldados le nombran y celebran a Decio como su nuevo emperador mientras que éste ofrece la mano en matrimonio a Cenobia vengando así las afrentas del tirano contra ella.

Decio mata al tirano estando éste medio adormecido en su trono y simultáneamente interrogando a los dioses por qué permiten el asesinato. El emperador ya no tiene más voluntad de luchar; se consuela de no tener que presenciar los aplausos que recibirá su general por haberlo matado. Si Aureliano actuó en la vida sin razón, en su trance mortal tampoco se muestra racional. Espera la muerte con impasibilidad:

> Dioses. ¿ Esto permitís ?
> ¿ Esto sufrís ? ¿ Esto hacéis ?
> Pero si el mundo y el cielo,
> que tantos agravios ven,
> lo sufren, ¿ de qué me quejo ?
> . . . .
> Rabiando estoy y contento,
> Decio, de que no he de ver
> tus aplausos. ¡ Ay de mí !   (100b)

Calderón no permite que Aureliano muera en batalla. Un tirano merece un fin infame.

Mi análisis del carácter de Aureliano revela que el propósito del dramaturgo es demostrar que los abusos del poder exigen el castigo. Aureliano, despótico y soberbio, no acepta la responsabilidad de sus acciones. Porque no tiene una conciencia ni religiosa ni social, ofende a todos los que están en relaciones con él. En su actitud narcisista de auto-glorificación no confia en nadie, lo cual impide el desarrollo de su carácter y explica cierta falta de dimensión dramática. El protagonista nunca está enemistado consigo mismo. Sólo una vez siente compasión ante una

---

[21] El general está dispuesto a morir a manos de los romanos si su acto de matar al emperador les parece un crimen. Daniel L. Heiple opina con referencia a esta escena lo siguiente: « His willingness to die for the act of regicide emphasizes his good intentions. However, the soldiers, who before have commented favourably on the reign of Cenobia and adversely on that of Aureliano, see justice in the assassination and elevate Decio to the throne. » « The Punishment of the Rebel Soldier », *op. cit.*, 13. Muy importante es el hecho de que Calderón, al final de la obra, menciona en particular que Libio asesinó al emperador Abdenato y que por eso debe morir. Decio, quien acaba de matar a Aureliano, pronuncia la sentencia de muerte. Así el poeta saca bien en limpio la diferencia entre el asesinato de un buen soberano que merece el castigo, y el tiranicidio que está recompensado.

mujer hermosa, Cenobia, sin lograr « vencerse a sí mismo » en el sentido calderoniano. Dado que todos sus móviles son malos, su muerte no nos conmueve. No presenciamos la caída trágica de un héroe de la felicidad a la desdicha. Aureliano fracasa porque no siente lealtad hacia los dioses, su pueblo, un amigo o una mujer, los cuatro polos espirituales que el hombre virtuoso estima más.

Frente al tirano Calderón da un ejemplo de conducta moral impecable de un monarca. Demuestra que después de todo la bondad será victoriosa sobre la maldad. Opone las consecuencias destructivas del poder sin control a la capacidad saludable de la magnanimidad, encarnada en Cenobia y Decio, demostrando así que la noción de lo que es verdaderamente moral y justo es la única manera de reducir el empuje violento del deseo por el poder sin límite, es decir, la forma del mal que adopta en circunstancias de intereses políticos. La preocupación de Calderón por la situación política de España está en toda la obra. Notamos su crítica al sistema del derecho divino de los reyes que se practica en la Europa occidental y que le lleva a permitir el tiranicidio, de acuerdo con el pensamiento del Padre Mariana.

Dos comedias tratando de la reina Cristina de Suecia: *Afectos de odio y amor* por Calderón y *Quien es quien premia al amor* por Bances Candamo

Por Ann L. Mackenzie

En su artículo titulado « Gustavo Adolfo y Cristina de Suecia, vistos por los españoles de su tiempo », comenta el profesor Carlos Clavería sobre los *Afectos de odio y amor* de Calderón, y nos llama la atención a la distancia curiosa que separa el tema histórico de esta comedia y la historia auténtica de la reina Cristina. El crítico mira la comedia de Calderón como una « deformación escénica », que dista mucho « de lo que podía saberse en España de la reina por la época en que abandonaba su trono ». Por consiguiente, está dispuesto a opinar que compuso Calderón su comedia mucho antes de 1654, fecha de la abdicación de Cristina[1]. Ahora, según concede el mismo Carlos Clavería, tal opinión no está de acuerdo con ciertas noticias históricas existentes respecto a representaciones de esta comedia en 1658 y 1659[2]. También se opone a la hipótesis del profesor Clavería el que no existe edición de la comedia anterior a la incluida en la *Tercera parte* de Calderón de 1664. Además, conviene tener en cuenta las palabras sensatas de la doctora Melveena McKendrick: « The discrepancy between the play and the historical reality has worried some critics, including Clavería, to the point where in order to explain it, they have concluded it must have been written years before it was performed, when very little was known about Christina . . . I do not follow their logic. Calderón could have been taking deliberate liberties with his material »[3].

A mi parecer, Calderón escribió *Afectos de odio y amor* entre los años 1656 y 1658; y en efecto el método de emplear la historia en esta obra hay que mirarlo como una técnica muy consciente de parte del dramaturgo. Se trata de una técnica indirecta, de una técnica de disfraz, por decirlo así. Según opino, esta técnica la explica la prohibición de *La protestación de la fe* en 1656, auto por Calderón en alabanza totalmente abierta de la conversión al catolicismo de la misma reina Cristina[4].

---

1 Véase *Clavileño,* III (1952), Núm. 18, p. 22.

2 Consúltense E. Cotarelo y Mori, *Ensayo sobre la vida y obras de Don Pedro Calderón de la Barca* (Madrid 1924), p. 308, y Barbara Matulka, « The courtly Cid theme in Calderón's *Afectos de odio y amor* », *Hispania,* XVIII (1935), p. 63, nota 1.

3 Véase Melveena McKendrick, *Woman and Society in the Spanish Drama of the Golden Age* (London 1974), p. 296, nota 1.

4 La profesora María Remedios Prieto tiene escrito un artículo en cuanto a *La protestación de la fe,* que aparecerá en la revista *Segismundo.* El título de este artículo es así: « El auto sacramental de Calderón *La protestación de la fe*: su nacimiento y reaparición en el siglo XVIII ».

Se refiere Jerónimo de Barrionuevo a la prohibición de este auto en sus *Avisos*, dando el motivo así: « Habiendo hecho Don Pedro Calderón un auto sacramental de la reducción a la fe de la Reina de Suecia, bajó decreto del Rey al Presidente [que] no se hiciese, porque las cosas de esta Señora no estaban en aquel primer estado que tuvieron al principio, cuya casa y servicio de criados se compone ahora de solos franceses »[5]. Está claro que pidieron a Calderón que escribiese el auto en una época muy favorable a la reina, y caracterizada por un ambiente de triunfo oficial a causa del papel importante que desempeñó España en la historia de su conversión. Pero, cuando el dramaturgo lo ofreció para representar en junio de 1656 ya se había cambiado de ambiente político. Ya no existió la amistad estrecha entre la reina y la monarquía española que presentaba Calderón en el auto. Cristina había empezado a meterse en conspiraciones con los franceses para despojar a Felipe IV de la corona de Nápoles[6]. Así que era natural prohibir una pieza que mostrase a la reina con carta de Felipe IV, que le decía con cortesía exagerada:

> lo que la puedo ofrecer
> en toda mi monarquía
> es el reino que en España,
> o Flandes, o Italia elija,
> . . . .
> de que desde luego la hago
> donación[7].

La protestación de la fe rebosa de demasiada propaganda contemporánea para contarse entre los mejores autos de Calderón. Sin embargo, hay que dar crédito a Calderón por habernos ofrecido mediante la pieza una interpretación muy viva de la personalidad de la reina. La Cristina del auto se destaca como personaje robusto y memorable que « tan bien maneja la espada como la pluma », en cuyo « espíritu no cabe no mandar »[8]. Por este motivo la pieza nos deja convencidos de que Calderón tenía un profundo interés artístico en la persona de Cristina de Suecia. Total que no nos resulta difícil creer que el auto lo terminó Calderón ya resuelto a desarrollar el carácter de la reina de una manera más detenida y extensa, en el curso de una comedia seglar de tres actos. Como veremos, su representación de la reina en *Afectos de odio y amor* constituye en realidad una elaboración muy acertada de la

---

[5] Véase *Avisos (1654–1658)*, ed. de A. Paz y Melia, II (Madrid 1892), p. 423. La prohibición de *La protestación de la fe* nos recuerda el caso de la comedia compuesta en 1634 por Calderón y Antonio Coello, en alabanza de las hazañas de Wallenstein. Según Cotarelo, esta comedia se representó en « los días mismos en que era asesinado el héroe de ella . . . Por esta razón quizás, al tenerse aquí noticia de la catástrofe del ambicioso Duque de Frisland, cesarían las representaciones de la obra, que sería recogida y olvidada en términos que hoy ni aun el título exacto conocemos » (véase *op. cit.*, p. 149–50).

[6] Consúltense el Marqués de Villa-Urrutia, *Cristina de Suecia* (6a ed.: Madrid 1962), cáp. VII, y Georgina Masson, *Queen Christina* (London 1974), cáp. 8.

[7] Véase Calderón, *Obras completas*, III: *Autos sacramentales*, ed. de A. Valbuena Prat (Madrid 1952), p. 738.

[8] Véase *ed. cit.*, p. 734.

protagonista delineada en el auto. Bien podemos sospechar que la misma prohibición de su auto, lejos de disminuir la resolución del dramaturgo en efecto la aumentase; porque Cristina ya tenía para él y para el público el atractivo adicional de ser figura escandalosa.

Por cierto la prohibición del auto le demostró a Calderón que no se conseguiría permiso para la representación de obra que tratara abiertamente del asunto de la reina Cristina. Era necesario componer una comedia que tratara de la reina sueca sin que pareciera tratar de tal tema. Le hacía falta a Calderón alguna técnica de disimulo o disfraz.

El dramaturgo adoptó una muy eficaz que nos recuerda hasta cierto punto la de Garcilaso en sus églogas. Nos ofrece Calderón en *Afectos de odio y amor* una comedia al parecer ficticio-palaciega, pero dándonos unas claves con las cuales nos resulta fácil abrir el paso por las acciones y personajes inventados hasta llegar a la personalidad de la reina histórica. La técnica tenía exactamente el efecto deseado. Satisfacía a los censores: se representó el drama en los teatros públicos en 1658[9]. Al mismo tiempo quedaba el público sin la menor duda de la significación de la disfrazada materia de la obra. Hasta los críticos modernos no han vacilado en identificar bajo su disfraz a la reina Cristina de Suecia como la auténtica protagonista de *Afectos de odio y amor*[10].

Los dos monólogos de orientación pronunciados por Casimiro y su hermana, Auristela, al principio del drama encierran numerosas claves del asunto verdadero. En estos monólogos se nos habla por primera vez de cierta Cristerna, nueva reina de Suevia, tierra situada entre Rusia y Gocia. El mismo sonido fonético de estos tres países nombrados por Auristela supone la necesidad de sustituir la *v* de Suevia por una letra más parecida al consonante céntrico de Rusia o Gocia; impone efectivamente la obligación de convertir Suevia en Suecia. Además, vale notar que tenían la costumbre en el siglo XVII de emplear el nombre de Gocia o Gotia con referencia a Suecia. El teólogo español, Francisco de la Carrera y Santos escribió un libro titulado *Parabién de la Iglesia Cathólica Romana en la Conuersión de Christina Alexandra Reyna de Suecia, Gotia y Vuandalia*... (Roma 1656). Casimiro y Auristela califican a la llamada Cristerna de Suevia de hija del rey Adolfo; y Casimiro nos cuenta cómo él le mató con pistola a este rey Adolfo en batalla. En realidad, al famoso rey Gustavo Adolfo de Suecia, padre de Cristina, le mataron a tiros en la batalla de Lützen. Para procurar que el público identificase con la mayor facilidad al rey Adolfo matado por Casimiro con el histórico rey sueco, se empeña el dramaturgo en repetir el nombre de Adolfo en el curso de los monólogos de Casimiro y Auristela, y hasta incluye una referencia a un tal Gustavo de Gocia[11].

---

[9] Compárese nota 2.

[10] Véanse, por ejemplo, las palabras de A. Valbuena Briones en la « Nota preliminar » a su edición del drama: « *Afectos de odio y amor* es una comedia palaciega, que tiene un sentido histórico indudable. La protagonista, Cristerna, no es otra que Cristina de Suecia » (Calderón, *Obras completas*, II: *Comedias* [2.ª. ed.: Madrid 1960], p. 1749).

[11] Véase la citada edición de A. Valbuena Briones, p. 1756–59.

Pero todavía quedan por observar las dos claves más impresionantes. Figuran ambas en el monólogo pronunciado por Casimiro. Una de ellas es de clase histórica. Comenta Casimiro sobre la situación algo insegura de la nueva reina Cristerna de Suevia, y alude al hecho de haber sido abolida muy recientemente en ese país la ley sálica. Aun hoy día, y seguramente mucho más en tiempos de la misma reina Cristina, cualquier comentario sobre la ley sálica lleva a uno a pensar inevitablemente en el caso de la hija y sucesora de Gustavo Adolfo de Suecia. Más adelante en el primer acto ha de volver Calderón a lo de la ley sálica. Hay una escena en que Cristerna manda a su criada, Lesbia, a que lea en voz alta la lista de nuevas leyes formuladas por la reina. Figura la primera en esta lista una condenación muy exagerada hasta absurda de

> la Salia ley que dispuso,
> con las mujeres tirana,
> que las mujeres no hereden
> reinos . . .

La nueva soberana se siente tan vulnerable que llega al extremo de mandar

> . . . que a voz de pregón,
> y a son de trompas y cajas,
> se dé por traidor a toda
> la naturaleza humana
> al primer legislador
> que aborreció las entrañas
> tanto en que anduvo, que quiso
> del mayor honor privarlas[12].

La otra clave maestra encerrada en el monólogo de Casimiro es de especie distinta. En este caso Calderón se sirve de una técnica bien corriente de la comedia del Siglo de Oro, para comunicarnos el que su pieza aparentemente ficticia encubre una historia esencialmente verdadera. Se trata de la técnica de romper la ilusión dramática. Casimiro corta el hilo de su descripción lírica y emocionante de la muerte en batalla del rey Adolfo para decirle a su hermana unas palabras, las que son realmente palabras interpoladas por el dramaturgo, y dirigidas al público de su obra:

> Pareceráte que estás
> oyendo alguna novela;
> . . . .
> . . . pues
> no, hermana, te lo parezca,
> porque tal vez hay verdades
> que parece que se inventan[13].

A diferencia de Calderón, Bances Candamo no tenía necesidad de presentar « verdades » en forma de « novela ». Pudo emplear Bances la historia directamente,

---

[12] Véase *ed. cit.*, 1761.
[13] Véase *ed. cit.*, 1758–59.

puesto que escribió su comedia, *Quien es quien premia al amor*, cuando ya no se le consideraba a Cristina de Suecia como personalidad contemporánea escandalosa, sino más bien como figura interesante del pasado, relacionada con el reinado anterior de Felipe IV. La fecha exacta de composición no es cierta. Cuervo-Arango prefiere la fecha muy avanzada de 1701[14]. A lo mejor tiene en cuenta este crítico la loa que se publicó junto con la comedia en el primer tomo de las *Poesías cómicas* de Bances en 1722. Esta loa nos comunica las noticias de que *Quien es quien premia al amor* fue representada por las damas de « la señora reina viuda », en celebración de su mejoría de salud. La muerte de Carlos II dejó viuda a la reina Mariana en 1700. Parecería muy probable que ella asistiera a una representación en palacio de *Quien es quien premia al amor* durante el año siguiente. Al fin y al cabo, el tema de esta comedia tendría cierto atractivo para la reina viuda en aquel entonces. La muerte de Carlos II suponía una especie de renuncia de parte de Mariana, que tenía su analogía con la abdicación de la reina Cristina[15]. Ahora, no estoy convencida de que esa loa tan informativa se escribiera en el mismo año que la comedia misma, ni siquiera de que fuera la loa obra de Bances. Según nos cuenta Duncan Moir, se marchó Bances de la corte en 1697; y pasó sus últimos años en provincias, muriéndose en Lezuza en 1704[16]. Además, según parece, esta loa circulaba separada de la comedia a principios del siglo XVIII, antes de publicarse juntas las dos piezas en las *Poesías cómicas* del dramaturgo[17]. Estoy dispuesta a situar *Quien es quien premia al amor*, obra muy robusta, en el período más robusto de Bances, dando preferencia a una fecha poco después de la muerte de la reina Cristina de Suecia en 1689. Me parece bastante posible que proporcionase la muerte de Cristina estímulo para la composición de la comedia.

No sólo utilizó Bances la historia muy directamente, se entregó en efecto a la explotación más cuidadosa de ella. A la reina Cristina le situó en su propio ambiente con toda exactitud. Colocó a su alrededor a los personajes históricos que le influyeron: el príncipe Carlos Gustavo de Suecia, el conde de Dona, el embajador español, Antonio Pimentel[18]. Sobre todo, Bances consiguió retratarle a la reina

---

[14] Véase F. Cuervo-Arango y González Carvajal, *Don Francisco Antonio de Bances y López-Candamo. Estudio bio-bibliográfico y crítico* (Madrid 1916).

[15] Según opina David Ogg: « For ten years she supplied the masculine element in the government of Spain » (véase *Europe in the Seventeenth Century* [6.ª ed.: London 1954], p. 376). Vale notar que Mariana de Austria, viuda de Felipe IV y madre de Carlos II, no se murió hasta 1696. Sin embargo, no parece posible que esta otra reina Mariana sea la « reina viuda » a que se refiere la loa. En las gacetas de la época suelen aludirle a Mariana de Austria como « la reina madre ». (Consúltese, por ejemplo, Ada M. Coe, *Carteleras madrileñas [1677–1792, 1819]* [Mexico 1952], p. 14–15).

[16] Véase Francisco Bances Candamo, *Theatro de los theatros . . .*, ed. de Duncan W. Moir (London 1970), xxxiv–xxxvi.

[17] Consúltese C. A. de la Barrera y Leirado, *Catálogo bibliográfico y biográfico del teatro antiguo español* (Madrid 1860), p. 67.

[18] « El conde de Dona »: es decir, Christopher Delphicus von Dohna, a quien pone Bances el nombre de Federico.

misma de una manera notablemente verosímil, explorando con acierto especial las preocupaciones de Cristina que le llevaban a abdicar.

El monólogo pronunciado por Federico, conde de Dona, a principios de la primera jornada forma buen ejemplo del empleo por Bances de numerosos detalles auténticos para crear el ambiente a propósito para el tema. Este monólogo, dirigido a Laura, dama de la reina, consiste en una descripción bien escrupulosa de la campaña victoriosa contra Dinamarca llevada por las fuerzas suecas bajo el mando del príncipe Carlos Gustavo. Nos traza Federico la ruta emprendida por el ejército sueco etapa por etapa:

> . . . desde Judlandia
> a la isla de Algent, desde ésta
> a la de Lanlant, cercana,
> de donde su bravo orgullo
> (pisando los mares) pasa
> hasta la capital isla
> de Selanda, y las murallas
> de Copenaghen (gran corte,
> y metrópoli de Dania)[19].

Mediante detalles por el estilo nos da Bances en efecto la auténtica situación geográfica del reinado de Cristina. Según parece, Laura no queda impresionada, ni mucho menos, por la descripción detenida del conde. Ella cumple con su obligación de llevar las buenas noticias del triunfo militar a la reina, pero no le comunica a Cristina sino una versión muy resumida de lo que antes contó Federico. Con un laconismo muy entretenido dice Laura a la reina que sus tropas

> llegaron a no sé qué
> islas, ni cómo se llaman
> o adónde viven, que nunca
> tomé una mano a los mapas;
> y el hombre, con referir
> sus nombres, tenía traza,
> de hacerme a mí gacetera[20].

Además de sus detalles topográficos así concretos, rebosa este monólogo desciptivo del conde de notable contenido lírico-metafórico, el cual nos resulta muy evocador del paisaje de invierno y del clima glacial de Suecia y sus países vecinos. Entre muchas líneas de poesía primorosa se destacan algunas que forman una evocación memorable del Mar del Norte hecho una masa sólida de hielo. Dice Bances:

---

[19] Véase Francisco Bances Candamo, *Poesías cómicas,* I (Madrid 1722), p. 58. Desafortunadamente, falta una edición moderna de *Quien es quien premia al amor.* Pero, me dice el doctor Bertil Maler que él publicará el drama de Bances, junto con un estudio de sus fuentes históricas en la serie *Romanica Stockholmiensia (Acta Universitatis Stockholmiensis).*

[20] Véase *ed. cit.*, p. 60.

. . . hizo el Norte
cristal de roca sus aguas,
tan roca, que en prisión dura
transmutaron congeladas
sus transparencias de vidrio
en solideces de plata[21].

Pero no se limita Bances a recrear el ambiente del reinado de Cristina por medio de descripciones. Se sirve también, por ejemplo, de las decoraciones, de las canciones, e incluso de los trajes. Las acotaciones indican que todas las damas de la reina deben vestirse de « traje de Suecia ». Hay que llamar la atención especialmente a las escenas del tercer acto que se celebran a orillas del Mar Báltico e incluso sobre la superficie helada de este mar. Empieza el tercer acto con la salida del gracioso, que « cae de espaldas en el tablado », quejándose de las dificultades de deslizarse con patines. Salen otros personajes para tomar parte en una gran fiesta de máscaras sobre el hielo; y se oye a intervalos una canción muy a propósito con el estribillo insistente: « ¡ Ay ! que el amor se ha hecho patín ».

En esta extravagante fiesta de máscaras todo el mundo se viste de disfraz, a no ser por Antonio Pimentel. Este embajador muy correcto del rey Felipe IV está vestido según su decorosa costumbre, es decir, de traje español. Ahora, luce ya en el pecho una banda roja. Ésta es banda de la nueva orden militar de la Amaranta creada por Cristina, y es símbolo de que el embajador goza del alto favor de la reina. La orden de la Amaranta la fundó en realidad la histórica reina de Suecia. Es exacto también el que Cristina le hizo a Antonio Pimentel caballero de la nueva orden. Se refiere Bances varias veces a la orden de la Amaranta en el curso del drama, y siempre con marcada exactitud documental. Por ejemplo, al final del drama la protagonista dice con perfecta verdad histórica que el lema de esta orden lee « dulce en la memoria »[22]. He aquí, pues, alguna prueba adicional de las investigaciones cuidadosas hechas por Bances para que consiguiese recrear en su comedia el escenario a propósito para Cristina de Suecia.

Bances era discípulo dedicado de Calderón, y manifiesta en su tratado histórico-crítico, *El teatro de los teatros . . .*, mucha admiración por el otro dramaturgo y buenos conocimientos de sus obras[23]. Así que parece probable que Bances conociera la comedia, *Afectos de odio y amor* por Calderón, cuando se puso a escribir *Quien es quien premia al amor.* No obstante, hay que insistir en que el drama de Calderón no pueda considerarse como específica fuente dramática de la obra de Bances. Es cierto que los dos dramas tienen unas cuantas características en común; pueden notarse incidentes parecidos, recursos análogos etc. Pero estos paralelos o se explican por haber tratado las dos comedias del mismo tema histórico, o pueden explicarse fácilmente de otra manera, teniendo en cuenta las convenciones dramáticas y los lugares comunes del teatro español de la época. Por ejemplo, no debemos dar

---

[21] Véase *ed. cit.*, p. 58.
[22] Véase el Marqués de Villa-Urrutia, *op. cit.*, p. 30.
[23] Véase *Theatro de los theatros . . .*, *ed. cit.*, p. 28, 33–35.

importancia a la existencia en ambas obras de noble que asista de incógnito en la corte de Cristina. Tampoco tiene significación especial el que tanto Segismundo en *Afectos de odio y amor* como Carlos Gustavo en *Quien es quien premia al amor* se pongan muy celosos al descubrir a su dama en los brazos de otro galán, porque no están enterados de que este galán no sea sino el hermano de la dama[24]. A saber, un examen de los dos dramas no revela ninguna influencia artística directa del uno sobre el otro. El drama de Bances, sean lo que sean sus méritos, es producto definitivo de su propio talento creador.

El valor dramático de ambas obras resulta más que nada de la manera sobresaliente de retratarle a la protagonista. Hace falta, por lo tanto, un análisis detenido de las dos presentaciones de la reina Cristina.

En sus tiempos tenía Cristina mucha fama como tipo amazónico. En una carta escrita hacia 1653 dijo cierto Don Juan Pimentel que Cristina « no tiene nada de mujer, sino el sexo »[25]. En 1654 Barrionuevo llegó a decir en sus *Avisos* que « aun se dice que es más que mujer »[26]. Fuentes contemporáneas por el estilo nos revelan claramente que no consistía sólo lo varonil de la reina en su preferencia por el vestido masculino, ni en su afición a las armas y otras actividades muy así de hombres. Nos presentan a la histórica Cristina como una mujer « varonil » también en el sentido metafórico de la palabra. Está claro que era la reina en realidad una persona dotada de espíritu enormemente atrevido y de extraordinaria energía intelectual.

Calderón consigue retratar a una protagonista que es, como la reina histórica, una « mujer varonil » en todos sentidos. Nuestra primera impresión de Cristerna la llevamos del monólogo pronunciado por Casimiro en la escena inicial del drama. Éste había llegado a ver a ella por primera vez en el campo de batalla; y recuerda vivamente su aspecto de mujer guerrera:

> . . .traía
> sobre las doradas trenzas
> sola una media celada,
> a la borgoñota puesta;
> una hungarina o casaca
> en dos mitades abierta,
> de acero el pecho vestido
> mostraba, de cuya tela
> un tonelete, que no
> pasaba de media pierna,
> dejaba libre el batido
> de la bota y de la espuela[27].

---

24 Compárese *Afectos de odio y amor*, III, p. 1786 con *Quien es quien premia al amor*, II, p. 87.

25 Consúltese Carlos Clavería, *art. cit.*, p. 17.

26 Véase *Avisos*, *ed. cit.*, I, p. 56.

27 Véase *ed. cit.*, p. 1759.

Se trata de una descripción tan gráfica que surge la posibilidad de que Calderón se hubiera inspirado en una de las auténticas pinturas de la reina, quizá en ese mismo cuadro enviado por Cristina a Felipe IV en 1656, en el cual, según cuenta Barrionuevo, se le pinta a la reina « armada, de medio cuerpo arriba »[28].

El extraordinario vigor espiritual de la reina lo representa bien el dramaturgo en la primera escena en que Cristerna figura en persona. Se destaca como campeona robusta de los derechos de las mujeres, y dedicada a deshacer las injusticias tradicionalmente perpetradas contra ellas por los hombres. Se declara Cristerna totalmente dispuesta a promulgar toda una serie de nuevas leyes con el propósito principal de proporcionarles a las mujeres las mismas oportunidades que los hombres para seguir carreras militares o escolásticas o incluso políticas. Da la razón a estas leyes mediante palabras muy robustas, tales como:

Si el mérito debe dar
los premios y éste se halla
en la mujer, ¿ por qué el serlo
el mérito ha de quitarla[29] ?

A diferencia de la Cristerna de Calderón, la reina de Bances nos da la impresión de persona bastante femenina y decorosa. No se viste de hombre, ni monta caballo, ni toma parte en batallas. Cuando quiere hacer algún viaje sale en carruaje o en trineo. En la primera escena en que ella figura, la vemos en « un gabinete de espejo, con aparatos reales, y en él un tocador con todos sus adornos ». En este gabinete de los más elegantes se ocupan las damas de Cristina en vestirle a la reina de un modo muy femenino y digno de su alcurnia. Ahora, esto no quiere decir, ni mucho menos, que su manera de ser no tenga nada en común con la conducta de la reina histórica. Bances le dota a su heroína de algunos rasgos singulares que sirven para recordarnos hasta cierto punto el famoso brío extravagante de la auténtica Cristina de Suecia. Así que, por ejemplo, en la escena dentro del gabinete, se niega la reina terminantemente a peinarse según la moda tradicional. Respecto a su pelo manda:

Déjame suelto el cabello,
ondeando libre la espalda,
y en un lazo solo arriba
con descuido airoso ata
de estas derramadas hebras
la riza inundación vaga.

Una de sus damas protesta y exclama « ¡ Nueva moda ! », lo que provoca la respuesta imperiosa:

Como mía
arrogante y descuidada[30].

---

[28] Véase *Avisos, ed. cit.*, II, p. 265.
[29] Véase *ed. cit.*, p. 1762.
[30] Véase *ed. cit.*, p. 61.

Además, cuando sale Cristina en carruaje suele viajar a toda prisa sin preocuparse del posible peligro ni del miedo experimentado por sus damas. Esta afición suya a la velocidad ocasiona un accidente en el primer acto. Se vuelca el carruaje en que viaja la reina. He aquí un lance bien convencional del teatro del Siglo de Oro. Empero, no se comporta Cristina como dama típica de la comedia. Lejos de ser atemorizada e ineficaz, ella anticipa al accidente y salta fuera en el momento de volcar la carroza, manifestando así un valor y energía digna de la verdadera reina sueca[31].

Dentro de los límites impuestos por su índole menos estrafalaria manifiesta la reina de Bances la energía de voluntad e intelecto que demuestra la Cristerna de Calderón. Ahora, en su caso ésta energía no se ve utilizada en defensa de los derechos de las demás de su sexo. Al contrario; con ser una mujer de cultura excepcional encargada de un puesto político de tanta categoría, no parece sentir la menor inclinación a conseguir para su género mejores oportunidades de formación o de carrera etc. La Cristina de Bances nos da más bien la impresión de guardar todavía en reserva la mayor parte de su enorme energía espiritual. Se declara dueña de unas naturales potencias interiores capaces de conseguir aun más de lo que exige su actual cargo como reina de Suecia. Exclama:

¡ Ay Laura ! el ánimo mío
tanto el corazón ensancha
que lo que en el mundo no
cupiera, en él se dilata.

Incluso parece lamentar que nació ya heredera del trono. Dice con mucha retórica persuasiva:

¿ No me basta a mí ser yo ?
¿ Ha menester mi ignorancia
más estado, más fortuna,
que ser Cristina Alejandra ?
Y a no serlo ¿ no supiera
mi orgullo hacerme monarca[32] ?

He aquí buen ejemplo del acierto con que profundiza Bances en la motivación enigmática de la reina histórica; la cual apenas abdicada del reino de Suecia, empezó a hacer esfuerzos político-militares para apoderarse del trono de Nápoles[33].

Los más de los historiadores de la reina Cristina están conformes en que ella tenía notable aptitud natural para reinar. Según dice, por ejemplo, Michael Roberts:

---

[31] Véase *ed. cit.*, p. 70; nótense sobre todo las palabras pronunciadas por Antonio Pimentel: « Mirando, señora, el brío / con que (anticipada al vuelco) / os arrojasteis del coche, / a preguntar no me atrevo / si os hicisteis mal ».

La reina bastante decorosa creada por Bances recuerda la reina Isabel, protagonista de *El conde de Sex* por Antonio Coello. Es posible que fuera la reina de Coello modelo de que se sirviera Bances cuando retrató el personaje de Cristina. Bances se refiere a la decorosa Isabel de Coello en *Teatro de los teatros . . .* (véase *ed. cit.*, p. lxxxviii y 35).

[32] Véase *ed. cit.*, p. 60 y 62.

[33] Compárese nota 6.

« She had indeed a natural gift for ruling . . ., she shouldered responsibility, took decisions, imposed solutions on her ministers, with astonishing assurance »[34]. Tanto Calderón como Bances dan mucha importancia a esta aptitud histórica, de modo que ésta se destaca en ambos dramas como una de las características más memorables de la protagonista.

La reina la retrata Calderón como persona todavía muy joven e inexperimentada. Por este motivo representa ella alguna vez ciertas tendencias inmoderadas e imprudentes. Tengo presente su interés excesivo en promulgar leyes muy exageradas favoreciendo a las mujeres. Pero, este rasgo algo negativo de su gobierno más que nada sirve para ensalzar la excelencia esencial de su talento para reinar. Este talento lo vemos puesto muy de manifiesto en la primera escena del segundo acto. Recibe Cristerna una carta enviada por un espía suyo desde Rusia. Da informes sobre la desaparición misteriosa del duque Casimiro de Rusia y las sospechas en cuanto a su muerte:

> Varios juicios
> se han hecho en su ausencia; pero
> el que corre más valido
> es que una melancolía,
> . . . .
> pasándose a ser delirio,
> debió de precipitarle
> desde una galería al río.

Poco después, le da a Cristerna las mismas noticias el príncipe Segismundo, encarcelado por la reina. Tiene Cristerna motivos fuertes para querer creer nuevas tan buenas respecto a su enemigo, Casimiro. Mas, domina sus emociones y como buen político prefiere acudir a la facultad de razonar. Las noticias de la muerte de Casimiro las somete ella a un examen bien objetivo. Pregunta: « ¿ Si habrá sido / ardid y cautela ? ». No deja de tener en cuenta la alianza política que existe entre el encarcelado Segismundo de Gocia y el duque Casimiro de Rusia. Total que la reina consigue penetrar por el velo de engaños y confusiones y dar en el blanco de la verdad: es decir, que su enemigo, Casimiro, vive todavía[35].

A diferencia de la reina Cristerna, da este duque Casimiro de Rusia muchos indicios de ser monarca muy incapaz. Por ejemplo, su loca pasión por Cristerna le lleva al extremo lamentable de abandonar sin más su patria junto con todas sus obligaciones de soberano, para ir a Suevia y servir de incógnito a la reina Cristerna, como si fuera su vasallo. Auristela, hermana de Casimiro, lleva el ejército ruso a Suevia, con la intención de vencerle a Cristerna en batalla. Pero sigue comportándose Casimiro de manera completamente egoísta y reprensible. Se niega a cumplir con su deber a « sangre, patria y honor ». En lugar de dar apoyo a su hermana, prefiere ser « vil traidor »; y lleva presa a Auristela, a fin de gozar del alto

---

[34] Véase « The abdication of Queen Christina », *History Today*, IV (1954), p. 825.
[35] Véase *ed. cit.*, p. 1767–68, 1770–71.

favor de la reina Cristerna[36]. En este notable contraste dramático creado por Calderón entre los dos personajes principales de Casimiro y Cristerna se percibe una técnica muy consciente que hace resaltar muy vivamente la capacidad de la reina para gobernar.

Emplea Bances una técnica muy comparable e igualmente acertada para pintar la misma aptitud en la reina de *Quien es quien premia al amor.* En este drama es el príncipe Carlos Gustavo el que forma un fuerte contraste psicológico con la reina. El príncipe no está desprovisto de características positivas. Está bien dotado de talentos militares, y se muestra jefe eficaz del ejército sueco. Pero, por otra parte, representa una personalidad excesivamente egoísta y con ciertas inclinaciones turbulentas y anormales. Hay una escena sobre todo en que el príncipe nos revela que no tiene un carácter a propósito para ser buen rey. Se trata de una escena en el tercer acto en que Carlos Gustavo se enfrenta con el conde de Dona. Se empeña Carlos Gustavo en quitarle al conde una cinta, que pertenecía a la reina. El príncipe manifiesta una cólera terrible y quiere matarle al conde de Dona. En realidad, la cólera de Carlos Gustavo tiene muy poco que ver con el conde. No es la historia de la cinta el verdadero motivo de su furia. Está fuera de sí el príncipe porque acaba de enterarse de que su ambición de casarse con la reina se ha frustrado para siempre. Cristina ha llegado a saber que su primo, Carlos Gustavo, no está enamorado de ella sino de su trono. El príncipe intenta matarle al conde con el fin totalmente egoísta de deshacerse así de sus sensaciones violentas de resentimiento y frustración. Lo irónico consiste en que Cristina en efecto ha abdicado ya, sin saberlo Carlos, y él es sucesor de la reina. Este hecho sí lo sabe el infeliz del conde, quien es vasallo demasiado leal para consentir en batirse con Carlos Gustavo. Ahora, éste insiste en atacarle al indefenso noble, y en comportarse de una manera casi patológica. Sólo el salir en escena de la misma Cristina evita el injusto asesinato del conde honrado. El lance nos infunde malos presentimientos en cuanto a la suerte de Suecia bajo el gobierno de este nuevo rey tan falto de estabibidad interior.

La reina de Bances demuestra toda esa estabilidad arraigada de carácter que echamos tanto de menos en el personaje del príncipe. Si fuera posible seleccionar una entre las muchas buenas cualidades que producen en conjunto su talento gubernativo, esa cualidad tendría que ser su aptitud para examinar con la mayor objetividad sus propias ideas y reacciones. Hay una escena en el drama, en que Cristina parece abandonar por un momento su típica objetividad tranquila. Es la escena del tercer acto en que Cristina, « al paño », le oye a Carlos Gustavo hablar con Leonor. El príncipe admite a Leonor que no está enamorado de la reina, y que sólo ha querido casarse con ella por razones de ambición política. Se siente Cristina muy enojada. Sale en escena y dice airadamente a Leonor: « . . . tú / verás cómo le castiga [a Carlos] / mi altivez. » Pero, luego domina la reina su cólera, y vuelve a su costumbre de auto-análisis. Examina sus emociones en un soliloquio interesante, en que acepta que su resentimiento contra Carlos no resulta sino de una sensación

---

[36] Véase el monólogo pronunciado por Casimiro en el segundo acto (*ed. cit.*, p. 1773; compárese, más adelante, el diálogo entre éste y su hermana (p. 1780–81).

indigna de vanidad ofendida. Ella entiende muy claramente que no quiere a Carlos; que no quiere a ningún « hombre humano »; que no está dispuesta a casarse con nadie[37].

Esta aversión notable al matrimonio demostrada por la Cristina de Bances nos recuerda vivamente la actitud de la reina histórica. En su biografía, *Queen Christina*, alude Georgina Masson a « the utter repugnance with which she [Christina] regarded marriage ». Observa: « Here no doubt there was something of the same attitude as that recognized in Elizabeth of England by a Scots Ambassador, who said to her, ‹ Madam, I know your stately stomach; ye think that if ye were married, ye would be but Queen of England, and now ye are King and Queen both; ye may not suffer a commander › »[38]. La histórica Cristina tenía el problema de ser mujer que reinaba en una sociedad dominada por el hombre. Entendía bien que no pudo casarse sin perder mucho de su poder político; porque en esa sociedad un rey era más que un hombre, pero una reina no era sino mujer, y como tal destinada a ser vasalla del marido. Recrea Bances muy verosímilmente la situación así difícil de la reina histórica, y profundiza con mucho acierto en su actitud auténtica. La protagonista de Bances se ve rodeada de hombres de sangre noble e incluso real, bien deseosos de casarse con la reina a fin de apoderarse así del trono. Pero ella prefiere ser reina soltera y poderosa, más bien que convertirse en una reina casada desprovista de autoridad política. Da expresión a esta preferencia en palabras bien dignas de la auténtica Cristina:

> . . . a sujetar, no me inclino
> mi altivez, tan soberana
> viviré como he nacido[39].

También muestra la heroína de Calderón fuerte aversión a la idea de casarse. No quiere hacerse vasalla de ningún marido. Ahora, esta reina termina por cambiar completamente de tema. Llega a enamorarse de su enemigo, Casimiro, y se casa con él al final del drama. Así que acaba la obra de Calderón de manera bien convencional y al parecer feliz. No obstante, está dotada la reina de cierta dimensión trágica. Su acción de casarse con Casimiro la deja efectivamente despojada del poder político que antes tenía. Cristerna seguirá con el título de reina. Pero Casimiro es ya verdadero monarca de Suevia, y rey también de Cristerna misma, según ella concede en los últimos versos:

> . . . Estése
> el mundo como se estaba,
> y sepan que las mujeres,
> vasallas del hombre nacen[40].

---

[37] Véase *ed. cit.*, p. 104.
[38] Véase *op. cit.*, p. 144.
[39] Véase el segundo acto, *ed. cit.*, p. 84.
[40] Véase *ed. cit.*, p. 1796.

Esta nueva situación de « vasalla » aceptada por Cristerna quiere decir que ella pierde para siempre la oportunidad de realizar toda la impresionante potencialidad que tiene para ser soberana buena.

A diferencia de la obra por Calderón, termina el drama de Bances de manera muy histórica: a saber, con la abdicación de la reina Cristina y su salida de Suecia « en resolución muy fija / de peregrinar la Europa »[41]. Los historiadores no están de acuerdo en cuanto a las verdaderas razones por la abdicación de la reina histórica. Algunos dicen que Cristina renunció a su corona por motivos relacionados con su conversión a la fe católica. Otros, como, por ejemplo, Michael Roberts, opinan que: « so far from the conversion's producing the abdication, it was the decision to abdicate which facilitated the conversion »[42]. Vale notar que la protagonista de Bances da una importancia bien secundaria al factor religioso, cuando habla de sus deseos de renunciar al trono. Hay un soliloquio en el tercer acto en que ella se refiere a su conversión al catolicismo. Pero revela claramente tanto en este soliloquio como en otras escenas del drama que los motivos principales de su abdicación del trono son en efecto seglares. Cristina manifiesta una profunda conciencia de sus propios talentos gubernativos. Pero echa de menos una comprensión parecida de parte de sus súbditos. Hay muchos a su alrededor que están muy dispuestos a pronunciar palabras lisonjeras en alabanza de la reina. Mas, Cristina entiende bien que ellos hablan sin sinceridad. Se queja la heroína, y con razón, de que los suecos no aprecian en nada la verdadera aptitud individual que tiene su monarca[43]. Ella se siente tan resentida y desilusionada frente a esta falta general de aprecio que llega al punto de querer despojarse de la corona sueca. Dice:

> . . . me ha sobrado Suecia
> para ser por mí adorada
> y no por la conveniencia.

Expresa su intención de ir al extranjero:

> por si mi orgullo averigua
> cuánto más que por mi reino
> me veneran por mí misma[44].

Puede ser que los motivos dados así por la protagonista de Bances no sean las razones exactas que le llevaron a la reina histórica a renunciar al trono. No obstante, hay que dar mucho crédito al dramaturgo por habernos proporcionado en su drama una explicación sumamente verosímil de la famosa abdicación de la reina de Suecia.

Está convencido Duncan Moir de que Bances Candamo aceptaba « la teoría de la *tragedia di lieto fine*, tragedia con fin alegre, teoría expuesta y puesta en práctica por Giraldi Cinthio en la Italia del Renacimiento, y . . . fuente teórica de obras muy

---

41 Véase *ed. cit.*, p. 106.
42 Véase *art. cit.*, p. 827.
43 Véase el primer acto, *ed. cit.*, p. 62.
44 Véase *ed. cit.*, p. 106 y 109.

bellas del Siglo de Oro español »[45]. A mi parecer, bien puede considerarse *Quien es quien premia al amor* como una de estas bellas « tragedias con fin alegre ». Termina este drama de manera tranquila y al parecer optimista. Carlos Gustavo se casa con su querida Leonor, y consigue el deseado trono de Suecia. Cristina, por su parte, se marcha con mucha dignidad para el extranjero en busca de una nueva vida más feliz. No obstante, el drama encierra una historia esencialmente trágica y nos infunde una sensación profunda de tristeza. He aquí una reina dotada de una enorme aptitud gubernativa, que se ve obligada a ceder el trono a un sucesor incapaz. La misma Cristina da buena expresión a lo trágico de su caso. En una entrevista con Laura y Federico, hacia el final del drama, les dice: « Ved los dos que en más dichoso / tiempo, cuando Dios quería, / servisteis una gran reina »[46].

Ofrezco estas últimas observaciones: han creado Calderón y Bances Candamo dos presentaciones muy individuales de la reina Cristina. Pero, ambas interpretaciones son de mérito análogo; lo que lleva a la conclusión notable de que Bances Candamo tiene un talento dramático bien digno de la más detenida investigación de parte de los críticos[47].

---

[45] Véase *Theatro de los theatros . . .*, p. lxxxix.

[46] Véase *ed. cit.*, p. 106.

[47] Debo las más sinceras gracias a Ivy L. McClelland, Senior Research Fellow, University of Glasgow, que me ha ayudado mucho con sus consejos sabios.

Calderón ante la crítica francesa (1700–1850)

Por Hans Mattauch

Según Menéndez y Pelayo[1], la historia de la recepción de Calderón en los siglos XVIII y XIX es la sucesión de tres estadios consecutivos: la crítica calderoniana del siglo XVIII se halla bajo el signo « de la interpretación torcida de la poética aristotélica » y llega a culminar en Montiano, Nassarre y Feliz y otros en « las más vulgares invectivas contra Calderón » (12 y 22); es sustituido luego por la interpretación romántico-cristiana o también romántico-idealista, que convierte a Calderón en « el ideal y prototipo del arte cristiano » (12) o en encarnación de la idea hegeliana del arte; sigue, finalmente, la interpretación histórico-positivista, que considera a Calderón como el « poeta de la inquisición y de todas las ideas y preocupaciones del siglo XVII español » (35 y s.).

Este esquema, no obstante, presenta una visión simplificadora y demasiado determinada por las opiniones de los criticos alemanes del siglo XIX (y de los españoles de la misma época influidos por ellos). Ya el siglo XVIII francés ha emitido juicios de otro índole que los de Voltaire o de La Harpe[2] y, referiendose al siglo XIX, A. A. Parker advierte de evitar descuidadas generalizaciones[3]. En efecto, cuando la mirada se dirige hacia la totalidad de las manifestaciones crítico-literarias, encontramos una considerable amplitud en la escala de las reacciones críticas[4].

---

1 *Calderón y su teatro,* Madrid 1881.

2 Voltaire, con motivo de su « traducción » de *En esta vida,* habla de « extravagant ouvrage » y de « démence barbare » (véase más bajo); La Harpe ejecuta todo el teatro español antiguo con una frase: « On sait que leurs innombrables drames, divisés en *journées,* sont dépourvus de tout ce que l'art enseigne, et de tout ce que le bon sens prescrit . . . » (*Lycée,* Paris 1840, I, 435).

3 « The body of criticism which we meet with in the 19th century is less uniform and coherent than in the 18th ». *The allegorical drama of Calderón,* Oxford 1968, 27.

4 El número de trabajos de conjunto a señalar es muy limitado. Véanse: Al. Cioranescu « Calderón y el teatro clásico francés », in A. C. *Estudios de literatura española y comparada,* La Laguna 1954, 137–95; A. M. Martín « Ensayo bibliográfico sobre las ediciones, traducciones y estudios de Calderón de la Barca en Francia », *Revista de literatura* 17 (1960), 53–100; M. Franzbach *Untersuchungen zum Theater Calderóns in der europäischen Literatur vor der Romantik,* München 1974.

1. El siglo XVIII

Esto tiene validez no obstante el hecho de que, como en los otros países europeos, tambien en Francia y más précisamente en la primera mitad del siglo XVIII, « quasi un dimenticato fu Calderón »[5].

En el teatro, donde más celosamente la crítica moderna ha buscado la influencia de Calderón[6], este fué – como ya en el siglo XVII – un suministrador de situaciones dramáticas (especialmente cómicas) sin que su nombre apareciese: las versiones de *La vida es sueño* (Gueulette 1717, Fuzelier 1717, Boissy 1732) y de otras piezas adaptadas para el *Théâtre italien*[7] llevaron el nombre del respectivo eloborador y fueron aplaudidas por un público que esperaba de los comediantes italianos nada más que « une joie folle et un ris non assujetti aux règles »[8].

Por otra parte, es verdad, hay unas noticias biográficas en algunos diccionarios u enciclopedias de aquel tiempo: estas quedan sin embargo muy lacónicas y no permiten darse cuenta de la importancia de Calderón y de su obra[9].

Frente a este papel tan reducido jugado por Calderón preferimos hablar solamente de una cierta *influencia* la cual se ejerce, sobre el teatro francés, de un modo subterráneo y subliminal, transcurriendo al margen de las normas crítico-poetológicas[10]. Hay que reservar el concepto de *recepción* para una actidud de valoración crítica basada sobre una conciencia del fenómeno « Calderón y su teatro » que no existe en los casos citados.

Respecto a la recepción propiamente dicha de Calderón se pueden distinguir varios puntos de gravedad, consecuencia del hecho de que los juicios críticos se hallan dentro de un contexto histórico determinado esencialmente por dos elementos relacionados:

1° la lucha entre los « Anciens » y los « Modernes », que en el transcurso del siglo se concentra en torno al drama, sobre todo a causa de los debates sobre Shakespeare y las controversias sobre la « comédie larmoyante » y el « drame »,

---

5 Cantella, A. *Calderón de la Barca in Italia nel secolo XVII*, Roma 1923, 17.

6 Numerosos trabajos sobre Calderón como « fuente » de obras dramáticas o narrativas francesas del siglo XVII y sobre adaptaciones de algunas de sus comedias en el siglo XVIII (registrados, por ejemplo, por Franzbach).

7 Entre otros, *El astrólogo fingido, El escondido y la tapada, Antes que todo es mi dama.*

8 *L'Europe Savante* II (1718), 43.

9 Moreri *Le grand dictionnaire historique,* Lyon 1683: « *Calderon* (Pierre), connu sous le nom de Dom Pedro Calderon de la Barca, chevalier de l'ordre de Saint-Jacques et chanoine de Tolède. Il est célèbre par ses belles comédies espagnoles qu'il a composées, et que nous avons en trois parties dont la dernière a été imprimée en 1664 ». (articulo aumentado de algunos detalles sólo en la edición de 1759); véase tambien la *Encyclopédie d'Yverdon* de 1771.

10 Las varias adaptaciones de *El alcalde de Zalamea* entre 1770 y 1790 (véase Franzbach, op. cit., 94 y s.) deben ser contadas, con motivo de su apariencia tardía, entre los testimonios de la recepción calderoniana.

2° el comienzo de la interpretación historicista de la literatura, a base de la cual se presta atención – poco a poco – a las peculiaridades de índole histórica y nacional[11].

Así se explica que el desarrollo de las discusiones – y a veces: controversias – sobre Calderón se presenta como acción y reacción[12]; sus principales etapas hay que fijarlas en torno de los anos 1738, 1755–1765 y 1770–80.

En 1738, en un momento de vivas controversias causadas por nuevas formas de comedias[13], publicó Du Perron de Castéra, literato « novateur » y « néologue »[14], un *Théâtre espagnol* en el cual, sin preocuparse por las normas clasicistas[15], destaca las excelencias de las comedias españolas, sin establecer diferencias entre los distintos autores:

> On y trouve beaucoup d'invention, des sentiments nobles et pleins de délicatesse, des caractères marqués avec force et soutenus avec dignité, des situations heureuses, des surprises bien ménagées, un grand fonds de comique, un feu d'intérêt qui ne laisse point languir le spectateur. Voilà les beautés que nous offrent presque toutes les comédies de Lope de Véga, de Don Guillen [de Castro], de Don Pedro Calderon et d'autres poètes qui font honneur à l'Espagne. (9)

Por su parte, Louis Riccoboni, el « animateur » de los comediantes italianos en su calidad de actor, autor, traductor y teoretizante, menciona *Casa con dos puertas* como muestra ejemplar de un cierto tipo de la comedia de intriga, en sus *Observation sur la comédie et le génie de Molière* (1738). Sin embargo, el autor no conoce solamente las comedias de Calderón. Es sus *Réflexions . . . sur les différents théâtres de l'Europe* (del mismo año), es el primero en hablar de los *autos* de Calderón, cuya forma y finalidad caracteriza con cierta extrañeza pero sin apreciaciones negativas. Digno de ser mencionado le parece que Calderón

> dans un de ses ouvrages personnifie jusqu'aux cinq sens du corps humain (69)

y el *Auto de las plantas* le parecía « tout à fait singulier », de modo que emplee cuatro paginas para describir las figuras y la acción de esta forma dramática totalmente inusual.

---

[11] H. Gillot *La querelle des Anciens et des Modernes,* Paris 1914; R. Naves *Le goût de Voltaire,* Paris 1936; H. R. Jauß « Ästhetische Normen und geschichtliche Reflexion in der 'Querelle des Anciens et des Modernes' », introd. a Ch. Perrault *Parallèles des Anciens et des Modernes,* München 1964; F. Gaiffe *Le drame en France au XVIIIe siècle,* Paris 1910; H. Mattauch *Die literarische Kritik der französ. Zeitschriften (1665–1748),* München 1968.

[12] No es exacto de hablar, como lo hace A. Cioranescu, de una « oposición de principio de la crítica oficial » contra Calderón (op. cit., 189), entre otras cosas porque el concepto de « crítica oficial » parece hipotético.

[13] Véase H. Mattauch, op. cit. 269 y ss.

[14] Véase F. Deloffre *Une préciosité nouvelle: Marivaux et le marivaudage,* Paris 1971, cap. I.

[15] « Toutes ces appositions de génie, ces différences prodigieuses entre notre scène et du théâtre des Espagnols ne doivent pas nous faire imaginer que leurs pièces n'ont aucun mérite » (8). – Misma tendencia en una apología anónima del teatro español en la *Bibliothèque françoise* de 1736 (XXIII, 294).

Al ataque de los innovadores respondió entre 1754 y 1765 la reacción de literatos clasicistas bajo la forma del *Discurso* de Montiano y Luyande (traducido en 1754 por d'Hermilly), del *Traité de la poésie dramatique* de Louis Racine y de varios tratados y juicios de Voltaire[16].

La valoración negativa de los dramas españoles « irregulares » por parte de Montiano y su tentativa de demostrar que el teatro español es el teatro « regular » más antiguo, haciendo referencia, entre otros dramas, al *El mayor monstruo del mundo,* contrasta singularmente con la alabanza que el traductor tributa a Calderón, fundándose en las afirmaciones del bibliógrafo Nicolás Antonio, acentuando en aquel su « génie vraiment fait pour le théâtre » (I, 192).

Como representantes de la auténtica tradición de la tragedia (a saber, de la inspirada en Racine), Louis Racine alaba a los dramaturgos españoles de su tiempo a causa de su « goût différent de celui de Lope, de Calderón et des *autos sacramentales* »; es el primer francés que ataca decididamente a los *autos,* estos « drames pieux et burlesques » llenos de figuras alegóricas, oponiéndose también al gusto anacrónico de sus admiradores contemporáneos (VI, 445).

En Voltaire el tono de oposición adquiere mayor virulencia: La indignación estética de L. Racine se convierte en él en lucha fundada en la ideología de la Ilustración. Los *autos* son según él una ignominia del teatro español y sólo a la sobrevivencia de supersticiones reaccionarias puede atribuirse el hecho de que la inquisición no los haya prohibido y el que sigan representándose todavía, a pesar de que en realidad no son más que una profanación. No obstante, Voltaire no extiende la condenación total de los *autos,* este « abîme de grossièretés insipides », a los dramas con tema religioso: « tragicomédies et même tragédies » como *La creación del mundo* o *Los cabellos de Absalón* se destacan ventajosamente de los *autos* a causa de algunos rasgos geniales y de movida acción teatral, que pueden entretener y hasta fascinar (XVII, 395 y s.).

Cabe limitarse aquí a algunos aspectos esenciales de la crítica calderoniana de Voltaire[17]. En su discusión de la prioridad temporal del *Héraclius* de Corneille y de *En esta vida todo es verdad y todo mentira* se muestra un modo de razonar apriorístico: siendo Calderón la encarnación de la barbarie y de lo no civilizado — « la nature abandonnée à elle-même » (VII, 535) — no puede haber tomado nada de Corneille, más bien es éste el grande, el artista que ennoblece el material ajeno:

> Il est bien naturel que Corneille ait tiré un peu d'or du fumier de Calderón, mais il ne l'est pas que Calderón ait déterré l'or de Corneille pour le changer en fumier (VII, 536).

---

[16] El *Traité* de L. Racine se halla en el t. VI de sus *Œuvres,* Paris 1808; los escritos más importantes de Voltaire respecto a Calderón son los siguientes: « Préface » y « dissertation » sobre el *Heraclius espagnol (= En esta vida)* (*Œuvres complètes,* ed. Moland, VII, 498 y 535–38); Art. « Art dramatique » (XVII, 393–428, en part. 395–97) y varias cartas escritas en los años 1762/63.

[17] Para más detalles, véanse: D. Schier « Voltaire's Criticism of Calderón », *Comparative Literature* 11 (1959), 340–56; L. Derla « Voltaire, Calderón e il mito del genio eslege », *Aevum* 35 (por 36) (1962), 109–40.

El punto, sin embargo, que importa lo más a Voltaire en el debate en torno al *Héraclius*, es su deseo de decidir de una vez para siempre la controversia en torno de la auténtica forma del drama serio mediante la confrontación de ejemplares traducciones de – así llamadas – tragedias de Shakespeare y Calderón con las « puras » tragedias francesas:

> Si après cela il reste des disputes, ce ne sera pas entre les personnes éclairées (VII, 489).

Entre los dos dramaturgos extranjeros, Voltaire encuentra paralelismos y diferencias: son paralelos los principios del teatro « irregular » y que mezcla los estilos:

> Quiconque aura eu la patience de lire cet extravagant ouvrage [*En esta vida*], y aura vu aisément l'irrégularité de Shakespeare, sa grandeur et sa bassesse, des traits de génie aussi forts, un comique aussi déplacé, une enflure aussi bizarre, le même fracas d'action et de moments intéressants (VII, 535).

Las diferencias son de índole gradual: Shakespeare, a pesar de sus defectos, se encuentra con su *Julius Caesar* – debido a su fidelidad histórica y a la verdad interna de sus figuras, que alcanza a veces cimas de sublimidad –, muy por encima de Calderón, en el cual se busca siempre en vano verdad, credibilidad y naturalidad. Las pocas ráfagas de luz brillando en la oscuridad no permiten a Voltaire retirar su veredicto de « démence barbare » (VII, 535).

No se puede negar que Voltaire se ha ocupado de Calderón con una detención antes desconocida, diferenciando los puntos de vista – según los géneros y los principios estilísticos –: pero todos sus juicios sobre Calderón, prescindiendo de algunas concesiones retóricas, hacen de él uno de los más radicales críticos franceses del Español.

A esta conclusión llegó ya un contemporáneo suyo, el culto y fino cardenal de Bernis. Mucho menos doctrinario que Voltaire, reconoce el relativismo de las normas estéticas. En sonriente autoironía envuelve su respuesta al envío por parte de Voltaire de las traducciones de Shakespeare y Calderón:

> Ces deux pièces m'ont fait grand plaisir comme servant à l'histoire de l'esprit humain et du goût particulier des nations. [. . .] Je vous dirai, à ma honte, que ces vieilles rapsodies, tout extravagantes et grossières qu'elles sont, mais où il y a de temps en temps des traits de génie et des sentiments fort naturels, me sont moins odieuses que les froides élégies de nos tragiques médiocres[18].

La tercera fase de la recepción calderoniana se abre con el *Théâtre espagnol* de Linguet (1770). En la selección de las piezas tiene en cuenta las aceptables para el gusto francés: presenta el *Alcalde*, algunas comedias de capa y espada y piezas ligeras. En su *Avertissement* (XI–XLVI) no discute con Voltaire (al cual no cita), sino con Montiano. No necesita esforzarse mucho para refutar las afirmaciones de

[18] *Voltaire's Correspondence*, ed. Th. Besterman, LII (Genève 1960), 27 (Carta 10353 del 24-4-1763).

éste, a base de argumentos poetológicos e históricas: hay que darse cuenta que las comedias españolas serias son *drames* (en el sentido de Diderot) y no tragedias; por eso la crítica no ha acertado a comprender su plenitud de acción y la libre estructuración del lugar y del tiempo, parecidas a las de la novela; ante todo, observa él, ningún dramaturgo español ha conseguido ni con mucho el reconocimiento internacional de que gozan Lope y Calderón. « Les étrangers sont les véritables appréciateurs du mérite des écrivains » (XLV): con este postulado de una crítica de orientación internacional funda su juicio de que Calderón tiene que ser considerado como el primero dramaturgo de España y no come el segundo o tercero.

Lo que insinúa Linguet con su referencia al *drame*, reaparece en L.-S. Mercier[19] en un contexto programático: a diferencia de lo que sucede con la tragedia y la comedia con su separación de estilos, sólo el *drame* puede manifestar « les moeurs, le caractère, le génie de notre nation et de notre siècle, les détails de notre vie privée ». Para apoyar su fogoso alegato en pro de más verdad vital en el teatro, transforma la valoración de la historia de la literatura: en lugar de *una* tradición homogénea con separación de estilos, que está rodeada de « divergencias » procedentes de la ignorancia, el retraso y la barbarie, implanta él *dos* tendencias fundamentales del teatro, una de las cuales « mélange et marie ses couleurs », que se remonta hasta Terencio y está representada posterioremente por Shakespeare, Lope, Calderón y Goldoni. Aquí ya no está lejos la interpretación historica.

De este modo vemos a Calderón colocado en un campo de tensión entre, por una parte, tradicionalistas y partidarios del buen gusto que le rechazan decididamente y, por la otra, prácticos del escenario, gente de mundo independiente y sobre todo innovadores liberales que le acogen favorablemente, aunque con algunas reservas.

2. *El siglo XIX* (primera mitad)

Después del período entre 1785 y 1810 aproximadamente, caracterizado por informaciones lacunarias y superficiales sobre el teatro español y Calderón en particular[20] – testigo principal: Mme de Staël[21] – vemos que el esquema antinómico del siglo XVIII se amplia tan rápida como considerablemente.

La recepción francesa de Calderón durante el período romántico presenta rasgos particulares, reflejos de una situación literaria muy diferente de la que encontramos en Alemania e Inglaterra: 1° los románticos propiamente tal, como Hugo, Vigny, Musset, que debido a sus tendencias innovadoras en el sector de la poética o la técnica del drama, hubieran debido nombrar – junto con Shakespeare – a Calderón,

---

[19] *Du théâtre ou nouvel essai sur l'art dramatique* (1773). Las citas que siguen son sacadas del cap. VIII, « Du drame ».

[20] Esto vale no obstante el favor de que goce *El alcalde de Zalamea* en los años precedentes la Revolución francesa (véase nota 10).

[21] *De la littérature* (1800) contiene un paralelo entre la índole inmoral y refinada de los italianos y el caracter sano e íntegro de los españoles, cuya expresión es el teatro de Lope y de Calderón con sus « sentiments élevés » donde carece afortunadamente « la perfidie de la conduite » y « la dépravation des moeurs » (ed. P. van Tieghem, Paris 1959, 166).

se limitan a hacer indicaciones tan superficiales sobre él (en caso de que hagan algunas) que con razón se puede dudar de que conociesen algo más que su mero nombre[22]; 2° las vivas controversias iniciadas por los principios enunciados en las *Vorlesungen über dramatische Kunst und Literatur* de A. W. Schlegel (trad. ya en 1814) determinan el destino de Calderón en Francia de manera durable. En efecto, la recepción del Español, propuesto por Schlegel como una de las encarnaciones del espíritu « romántico », se verifica a través del crítico aleman, por lo bueno y por malo: por una parte, hay críticos ganados a la causa calderoniana y repitiendo (con variaciones) conceptos de Schlegel[23]; por otra parte, una mayoría queda escéptica frente al idealismo schlegeliano, lo que resulta en una serie casi ininterrumpida de protestas contre sus valoraciones de Calderón y de correcciones de las mismas.

De ahí, simultáneamente, toda una gama de actitudes frente a Calderón, basadas en motivos tan ideológicos como estéticos, que pueden agruparse de la manera siguiente.

La primera forma de confrontación crítica está en relación con las teorías de los representantes de la Ilustración sobre la sociedad y la historia, expuestas de un modo racionalista y al mismo tiempo con un elevado patetismo ético. En Simonde de Sismondi[24] – el primer eco de las ideas de Schlegel y a la vez la oposición más encarnizada contra éste – desemboca el esquema laicista de la Ilustración relativo al desarollo paralelo de libertad religiosa y política y de verdad artística en una condenación de Calderón que sobrepasa la severidad de la de Voltaire. Las « aberraciones » estéticas de Calderón son consideradas ahora, a diferencia de lo que sucede en Voltaire, como resultado directo de las circunstancias políticas: la tiranía corrompió los ideales de la verdadera virtud y grandeza en la sociedad y la religión y las convirtió en monstruosidades o fantasmas. Calderón refleja esto del modo más fiel: sus galanes muestran soberbia fanfarrón en lugar de orgullo, la galantería exagerada pasa a ocupar el lugar del amor (121), su lenguaje hiperbólico impide la natural y auténtica « expression du coeur » (ejemplo: Don Alvaro Tuzaní). Lo peor es que Calderón debe ser considerado como « le vrai poète de l'Inquisition » (130). Ignorando la problemática de la gracia, y exteriorizándola por consiguiente, escribe Sismondi sobre la *Devoción de la cruz:*

> Son but était de convaincre les spectateurs chrétiens que la dévotion pour ce signe de l'Eglise suffit pour excuser tous les crimes, et assurer la protection de la Divinité (131).

Claro es, ahora, que Sismondi descalifica los *autos* por motivos tanto ideológicos como estéticos diciendo de ellos que son el colmo de *disparates* españoles (200).

---

22 Hugo hace unas alusiones irónicas a Calderón en la « Preface » de las « Odes et Ballades » (1824) y presenta dos motes calderonianos (cf. *Œuvres poétiques* (Pléïade), I, 271, 275–76, 490, 725). – Única excepción: Mérimée (véase A. Morel-Fatio « Mérimée et Calderón », *RHLF* 27 (1920), 61–69).

23 Hasta el idealista Ph. Chasles inclina a ver los comentarios de Schlegel sobre Calderón como « une auréole plutôt qu'une scholie » (*Etudes sur l'Espagne*, Paris 1847, 21).

24 *De la littérature du midi de l'Europe*, Paris 1813, cap. XXXII y XXXIII (IV, 105–204).

Que no se trata aquí de la mera intransigencia de un tardío representante de la Ilustración lo demuestra la serie de artículos de L. de Viel-Castel en la *Revue de deux mondes* de 1840/41, especialmente en lo que concierne la problemática del honor[25]. Bien que su actitud frente a Calderón presente más finos matices, juzga fundamentalmente del mismo modo las « exageraciones » de los dramas del honor: también según él la « exaltation pieuse » ha degenerado en « fanatisme cruel et absurde, appuyé sur les bûchers et les tortures de l'Inquisition » y ha deformado los conceptos morales:

> Nous doutons en effet que la morale puisse longtemps rester saine, lorsque la religion, qui en est la base, a reçu [. . .] dans son principe même, das altérations aussi profondes, aussi monstrueuses. (420)

Bajo signos de anticlericalismo, esta concepción de la literatura como transformación directa de situaciones sociales desemboca en ciertas posiciones de la escuela histórico-positivista.

Un segundo grupo de críticos se esforzó por apreciar la obra de Calderón a base de criterios estético-literarios proporcionados por la tradición – clasificaciones según los géneros y/o los componentes de obras dramáticas enumeradas en las poéticas clasicistas (como invención, composición, caracteres, estilo, versificación etc.). En este caso hay que considerar como elemento determinante, además de la « bataille romantique », los esquemas mentales tradicionales de la crítica y, seguramente, también del público. Los dos traductores de Calderón, La Beaumelle (1822 y 1827) y Damas-Hinard (1835 y 1841–45) así como algunos trabajos periodísticos son representativos de esta tendencia. – Hallándose más bien en el lado de los clasicistas[26], La Beaumelle tiene casi más importancia por las citas de Schlegel en su introducción que por su propio juicio personal. Su discusión de ciertas afirmaciones de Schlegel le muestra inseguro, vacilando y minucioso: lo mismo puede decirse de su crítica de Calderón. Afirma que en dramas con temas de la historia nacional tiene que ser preferido Lope de Vega, porque ha destacado mejor el carácter público (« intérêts généraux »); pero Calderón ha compuesto mejor sus intrigas . . . El hecho de que Calderón no se atenga a las unidades, La Beaumelle lo juzga enigmáticamente como « remarquable » – hay que tener en cuenta el contexto para llegar a reconocer que no le gusta mucho. En la descripción de costumbres españolas Lope es más realista y veraz, Calderón idealiza más y tipifica, de lo cual resulta que sus dramas son más monótonos, pero con la ventaja de que son moralmente más aceptables – si se prescinde, es verdad, de la « férocité » de sus dramas de honor . . .

Una o dos ideas se destacan en este mar de indecisiones: en los *autos* (en cuya apreciación se somete completamente al juicio de Schlegel) llega a descubrir el principio de *a lo divino* en el empleo de la mitología antigua[27]; en lo que concierne la

---

[25] *Revue des deux mondes* (4e série) XXV (1841), 397–421.

[26] Misma tendencia en *La Pandore* (14-8-1825): alabanza de la arquitectura de sus comedias, pero críticas referente a la exposición juguetona y culteranista de las pasiones, a la descripción de los caracteres, a las « incohérentes métaphores et les figures outrées ».

[27] Sobre *Psiquis y Cupido:* « c'est lui qui a inventé [. . . . .] de peindre [. . . . .] l'amour de l'âme pour Jésus-Christ sous les voiles de l'amour de Psyché pour Cupidon » (I, 30).

estructuración de la intriga, parece vislumbrar que Calderón ha aplicado determinados elementos de la realidad (la ayuda de la mujer perseguida en la calle, el velo, etc.) de un modo selectivo como convencionalismos dramáticos – y, con esto, se aparta algo del concepto de la *imitatio naturae*.

Las reservas no faltan tampoco totalmente en los críticos con mayores simpatías por las innovaciones románticas... La revista *Diogène*[28] crítica las tendencias culteranistas de la literatura española, pero la parte de Calderón, bajo este respecto, le parece más bien un pecado venial. Más destacadamente se acentúa su concordancia con tendancias modernas: su libertad frente a las unidades, la mezcla de estilos orientada hacia la más exacta expresión de la realidad (« la vie humaine avec ses scènes tantôt risibles et tantôt épouvantables »[29]). Con esto, se encuentra la hasta entonces más positiva valoración de los *autos*, caracterizados por « vers saillants », « un style harmonieux », « un tissu adroitement et ingénieusement arrangé ».

Damas-Hinard, con la comprensiva simpatía del buen crítico para su materia, destaca justas diferenciaciones en la obra de Calderón y exprime juicios matizados. Por ejemplo, en las comedias ligeras destaca más claramente la presencia de la casualidad como elemento determinante de la acción frente a la introducción de carácter y pasión en los dramas y justifica este diferenciado procedimiento con el argumento de la soberana libertad del poeta:

> Pourquoi donc Calderón, si habile à peindre des caractères, [....] n'a-t-il pas caractérisé d'une manière plus individuelle les personnages de ses comédies d'intrigue? La réponse est toute simple: c'est qu'il ne l'a pas voulu; et, sans doute, il ne l'a pas voulu parce qu'il l'a jugé inutile[30].

La libertad de Calderón en lo que concierne el manejo de la verdad histórica y del « couleur locale » la pone en la línea de lo que practica el clasicismo en general y el clasicismo francés en especial: ¡trátese de descubrir si Corneille o Racine han descrito « correctamente » las costumbres romanas o griegas! (XII)

Menos acertada es su defensa del metaforismo amoroso como reflejo de reales situaciones, de un galán que frente a una dama desconocida sólo puede expresar vanos cumplimientos (VIII y s.). Tambien se encuentran vacilaciones en lo que concierne los *autos:* entre el entusiasmo de Schlegel y el desprecio de Sismondi no puede decidirse a adoptar un juicio personal (XVI y s.).

Dada esta dirección de la crítica, más descriptiva que histórica, la « poétique de Calderón » que trata de reconstruir, se convierte en un instrumento indicador del grado de apartamiento de muestras valorativas tradicionales por parte de los críticos frente a Calderón, más ajeno y menos fácilmente asimilable, menos familiar que Shakespeare.

Una última dirección de la crítica trata de suprimir esta distancia, en parte mediante especulaciones históricas de carácter idealista, en parte saltando la distancia histórica mediante una comprensión simpatética.

---

28 N° 18 (1828), 3 y s.

29 Compárense las teorías de V. Hugo en la *Préface de Cromwell.*

30 *Chefs-d'œuvre du théâtre espagnol: Calderón,* P. 1841–44, t. I, p. X.

Por eso, aquí más que hasta ahora la interpretación se ocupa también de la persona de Calderón. La revista *L'artiste* le describe en 1835 como genio original y libremente creador, del cual emana la poesía:

> sans idée fixe, mobile, intarissable, tous les jours il commençait son chant dès le matin; homme de cour, soldat, puis chanoine, toujours poète, les orages de la vie extérieure ne jetaient aucune ombre sur la sérénité de son génie. Tout ce qu'il pensait devenait poésie, et son âme était une coupe enivrante débordant sans cesse sur une nation altérée et reconnaissante[31].

Esto corresponde, sin duda alguna, a la idea de V. Hugo sobre el poeta primitivo[32], pero no, en ningún caso, al Calderón histórico. Con la misma despreocupación se pone E. Quinet a buscar el « ton dominant du génie national » de los dramaturgos españoles: lo encuentra en el popularismo. Este viene a ser la única fuente de inspiración del poeta: Cervantes, Lope de Vega y Calderón no sólo « han aprendido del pueblo las armoniosas leyendas », han preferido además, de un modo programático, « los lejanos ecos de la vieja Castilla » al poderoso impulso del Renacimiento:

> avec un héroïsme tout castillan, ils ferment les yeux à ces pompes, à ces séductions de la renaissance; ils rejettent tout l'or de l'antiquité, . . . ils aiment mieux cette poésie de la glèbe, toute rustique [. . . . .] Ils en ramènent un art nouveau qui ne doit rien à la Grèce, à Rome, à l'Italie, qui doit tout à lui-même. [. . .] la poésie [. . .] d'Espagne naît ainsi d'un éclair d'héroïsme[33].

Si aquí salta inmediatamente a la vista la parcialidad exagerada hasta lo absurdo, la retórica imaginista de Ph. Chasles oculta por de pronto su eclecticismo. En los ensayos sobre Calderón de sus *Etudes sur l'Espagne* (1847) reaparece de nuevo la idea de Hugo de la « poésie complète », además la idea que tienen Schlegel y Staël de la literatura del Sur y del Norte, y la acentuación del catolicismo de Calderón por parte de Schlegel. Pronto aparece con toda claridad que estos diferentes elementos no se pueden combinar sin más ni más.

Para cuadrar con la antítesis Norte-Sur, el drama del Norte ha de ser meditativo y filosófico, el del Sur, apasionado y con predominio de la acción. Esto es lo que se encuentra, según Chasles, en Calderón: él ha llenado hasta el borde sus comedias con casualidades, acontecimientos, amor e intrigas: « La vie déborde de ses oeuvres » (26). Pero de repente el drama de Calderón contiene espiritualidad suprema, es teología que quiere enseñar la necesidad de la gracia (80), y desde este punto de vista las comedias de capa y espada no son más que un producto secundario sin importancia, « des jeux d'un esprit qui se délasse » (79), su plenitud vital no es más que un signo de la *vanitas*. El intento de construcción de un catolicismo calderoniano por decirlo así terrenal – compatible con el « materialismo » del Sur –, no es nada

---

31 « Théâtre espagnol. Calderón. La devocion de la cruz », *L'artiste* 9 (1835), 44.

32 « Sa pensée, comme sa vie, ressemble au nuage qui change de forme et de route, selon le vent qui le pousse » (*Préface de Cromwell*, ed. Souriau, Paris 1897, 177).

33 *Revue des deux mondes* (4ᵉ série) XXIX (1842), 689.

más que un muy penoso esfuerzo para cubrir la rotura: el poeta puede quedar orientado hacia el mundo ya que el más allá queda para él materializado, fácil de asir con las manos:

> Calderon, c'est le midi, c'est la foi. Il ne craint rien; il ne doute pas. Il y a toujours au-dessus de sa tête un ciel qui s'ouvre, des anges qui chantent, un soleil d'amour et de gloire qui attend les élus. (25)
>
> Jamais [donc] il n'est triste . . ., les demi-teintes de la rêverie [lui] sont inconnues . . . (26)

Al mismo tiempo, desde un punto de vista más bien secularizado, poetológico, proclama Chasles:

> Calderon a été sublime, parce qu'il a été complet [. . .]. Ses oeuvres renferment les expressions les plus éloquentes, les plus pathétiques, les caractères les plus énergiques, les catastrophes les plus terribles qui puissent surgir du fond chrétien et chevaleresque de l'Espagne. (20)

Una vez más resulta poco comprensible como esta descripción del drama calderoniano orientada hacia la idea de V. Hugo sobre la poesía moderna, « completa », puede compaginarse con la mencionada posición marginal de las piezas profanas y también con el lirismo (43) citado en otro lugar; totalmente se aparta de nuevo de Hugo con la afirmación imprevista de que el tan universal Calderón no alcanza la « perfección inimitable » de los dramáticos griegos. No, no vale la pena de esforzarse encontrar coherencia en Chasles; su Calderón es una figura poética, no una personalidad intelegida, por decirlo así. El erudito y sobrio Comte de Puymaigre escribió ya en 1852 que Chasles « prête trop son imagination au poète étranger dont il s'occupe »[34].

Puymaigre puede ser considerado como característico representante de una nueva actitud frente a Calderón *después* de las reservas clasicístas y *después* de las especulaciones de un Chasles. Tambien digno de mención es en este sentido el estudio de Hipp. Fortoul sobre *La estatua da Prometeo*[35] en el cual se advierte que la pieza en cuestión es una « énorme bizarrerie [. . .] qui a un sens très élevé » (98). En su oposición a considerar a Calderón como uno de los « modèles de la littérature romantique » (83 y s.) nos encontramos con una negación de la mística medieval de Schlegel. En los *autos,* la obra más importante de Calderón, que no han de ser equiparados con los *mystères,* se pone de manifiesto, lo mismo que en la *Estatua,* que el dramaturgo español tiene sus raíces no en lo popular-abigarrado sino en una Edad Media determinada por el escolasticismo:

> Calderon est un métaphysicien du moyen-âge; il croit à l'existence de toutes les entités auxquelles l'abstraction a donné naissance, et il emploie son admirable génie à leur prêter un corps et une figure poétiques. (86)

---

[34] Citado por A. M. Martín, art. cit., 88.

[35] *Revue de Paris* LI (1838), 83–98.

A la grandeza del pensamiento del mito de Prometeo *a lo divino* corresponde la genial y sólida transformación en forma dramática, « sans que la poésie perde un seul moment » (86): es visible el esfuerzo paciente a fin de llegar a una comprensión auténtica de obras individuales o de grupos de obras, por extraña que sea la impresión que dan a primera vista.

No hay que extrañarse, dado la enorme complejidad de la obra calderoniana, dado tambien la época que hemos transcurrido, que la crítica francesa, en su totalidad, haya juzgado Calderón como problemático. Pero no fué rechazado de modo uniforme por el siglo XVIII y tampoco aprobado plenamente en la edad romántica con sus numerosas contradicciones ideológicas internas – o sí lo fué, no siempre por las buenas razones.

Los retratos de los Reyes en la última comedia de Calderón (*Hado y divisa de Leonido y Marfisa*, Loa)

Por Sebastián Neumeister

Omnis mundi creatura
quasi liber et pictura
nobis est et speculum.
Alanus ab Insulis, *Rhythmus*

I.

El día 3 de mayo de 1680, un año antes de la muerte de Calderón, se estrenó en el Coliseo del Buen Retiro de Madrid en presencia de los Reyes y de la Reina madre la última comedia de Calderón, *Hado y divisa de Leonido y Marfisa (HDLM)*[1]. La comedia, una de las llamadas novelescas, o fantásticas, no se destaca por su contenido sino por el lujo de su representación. Podemos deducir de varios detalles que el mismo Calderón es el autor no solo del drama y de sus acotaciones sino también de la loa y de la descripción del Coliseo preparado para el estreno[2].

Ya al principio Calderón insiste en el esplendor extraordinario de la representación: « (. . .) una comedia, vestida del mayor aparato de mutaciones y teatros que se pudiese ejecutar, dejando atrás otras que en diferentes ocasiones se han hecho » (*HDLM* 355). La presencia de la familia real remató lo que se podía esperar de la fiesta: « (. . .) tomó el Rey nuestro señor el lugar, á quien se le siguió la Reina nuestra señora, y á esta la majestad de la Reina madre, quedando tan unidos en los lugares como lo están en los corazones » (356c). Sigue la enumeración de los espectadores escogidos y repartidos jerárquicamente según la etiqueta palaciega, « las bien aprendidas y respetuosas etiquetas de la Casa Real » (357b). Que se trata de un acto público y oficial de gran importancia lo prueban también los embajadores extranjeros presentes: « En los balcones de arriba estaban los embajadoras que tienen lugar en las funciones públicas, en los sitios que les pertenecen » (357a/b). En vez de usar el palco real del Coliseo con sus comodidades, el Rey está sentado en la platea, en un sitial en el centro de la perspectiva, pero también en medio de las miradas del público:

> Es el coliseo de forma aovada, que es la mas á propósito para que casi igualmente se goce desde cada una de sus partes. Está vestido de tres órdenes de balcones; y aunque

---

[1] Cítase el texto según la edición de J. E. Hartzenbusch (BAE, tomo 14) con simple indicación, en lo que sigue, de la página.

[2] Cf. las notas de Hartzenbusch, ed. cit., pp. 355 y 356.

enfrente del teatro, en su primer término, vuela uno que llena el semicírculo del óvalo, quedando en forma de media luna, al que se entra por el cuarto de su Majestad; no ve en él las fiestas, porque por gozar del punto igual de la perspectiva, se forma abajo un sitial, levantado una vara del suelo. (356a)

En un artículo sobre el *Salón dorado* del Alcázar de Madrid, John E. Varey dice de una parecida disposición[3]:

En réalité, quand on pense aux représentations auxquelles ont pris part les membres de la famille royale, il est difficile de délimiter la scène proprement dite et la salle, le comédien et le spectateur, car les spectateurs royaux semblent aussi maniérés que les comédiens, et semblent jouer un rôle tout aussi consciemment que ceux-ci.

Dans toute représentation de palais, le roi et la reine constituent un auto-spectacle, et le courtisan regarde aussi bien l'acteur dans le tableau théâtral que le roi, apparemment aussi théâtralement conscient de son rôle que l'est l'acteur.

Y, con respecto a las leyes de la perspectiva, concluye:

L'optique opère en deux sens, et à l'un des deux foyers se trouve le roi, le roi soleil du monde théâtral de l'illusion. Dans les théâtres publics de la même époque, au contraire, avec leur scène ouverte, chacun est roi, car il n'y a pas de foyer équivalent. Le dramaturge qui écrit pour le théâtre de cour écrit en théorie, sinon dans la pratique, pour un auditoire d'une seule personne, tandis que celui qui désire un triomphe dans le théâtre commercial doit s'adresser à la grande majorité.

El texto de la descripción del Coliseo hace suponer, en efecto, que Calderón como poeta de corte ha escrito la comedia para el Rey sólo sin prestar atención al resto del público: « (. . .) cuando el cariño del Rey á sus vasallos dispone hacerles partícipes de sus festejos despues de haberlos logrado, se puede unir el que los asientos del pueblo no impidan la decencia de los canceles del monarca » (356a). El « fróntis del teatro sobre cuatro columnas altísimas de órden compuesto » (356b) es un ejemplo de la escenografía barroca, de la que nos quedan, en España, muy pocas representaciones gráficas, entre ellas un dibujo de mediados del siglo XVII, los acuarelas para el estreno, en 1672, de una zarzuela de Juan Vélez de Guevara, y los famosos dibujos para la repetición de la fiesta calderoniana *La fiera, el rayo y la piedra,* en 1690, en Barcelona[4]. Como allí, el pórtico de *HDLM* incluye « una cartela, en que de crecidas letras de oro estaban los nombres de nuestros reyes » (356b). La escena de la loa, por fin, donde las alegorías de la Fama, de la Poesía y de la Historia cantan y representan, no solo consta de una galería de los antepasados reales parecida a otra de Calderón en la loa de su fiesta mitológica *El Faetonte*[5] sino también en el último término del teatro, de los retratos de los reyes presentes:

---

[3] « L'auditoire du *Salón dorado* de l'*Alcázar* de Madrid au XVIIe siècle », en: J. Jacquot (ed.), *Dramaturgie et Société,* tomo 1, Paris 1968, p. 91.

[4] Cf. las láminas (nos. 4–13) en: N. D. Shergold, *A History of the Spanish Stage from Medieval Times until the End of the Seventeenth Century,* Oxford 1967.

[5] Reproduzco el texto del único manuscrito (Biblioteca Nacional, no. 16539) en mi libro *Mythos und Repräsentation,* München 1978, pp. 316–331.

En la frente del salon, ocupando el medio de la perspectiva, se hizo un trono cubierto de un suntuoso dosel, debajo del cual había dos retratos de nuestros felicísimos monarcas, imitados tan al vivo, que como estaban frente de sus originales pareció ser un espejo en que trasladaban sus peregrinas perfecciones; y el ansia que desea verles en todas partes, quisiera hallar mas repetidas sus copias (358 a).

El narcisismo de los reyes alcanza su extremo: El teatro, mundo de la imaginación, les ofrece sus propios retratos.

II.

Para apreciar la identidad simbólica e ideal en los dos centros de la perspectiva debemos recordar que la identificación del espectador con los personajes del teatro es constitutiva para cada representación escénica. Pero es útil también ocuparnos un poco, para comprender las implicaciones ideológicas de la loa de *HDLM*, de la historia del espejo como motivo literario, pictórico y teológico.

La tradición del espejo comprende toda una serie de interpretaciones diferentes e incluso contradictorias. El espejo puede ser igualmente un símbolo de la *vanitas* como de la *prudentia*, de la *superbia* como del conocimiento de si mismo (γνῶθί σεαυτόν), del engaño y desengaño, como de la concepción imaculada de María. Se juntan, en las artes plásticas, los problemas de la *imitatio naturae*, siendo el espejo modelo inigualable de los pintores – « lo specchio è maestro de' pittori », como dice Leonardo da Vinci en su *Trattato della pittura*[6].

El equívoco de espejo y retrato, de una realidad reproducida ópticamente y otra fingida artísticamente, es un motivo favorito del manierismo y del barroco[7]. Pertenece al tema del cuadro en el cuadro, parecido al del teatro en el teatro. El espejo no es la única solución de tales equívocos, al menos en el campo de la pintura. Según Julián Gállego,

> Tal sistema comprende tres soluciones, vecinas pero distintas, aunque a veces difíciles de distinguir: el cuadro (o tapiz) colgado sobre el falso muro pintado; el hueco abierto en este muro, puerta o ventana a otra estancia o al aire libre; en fin, el espejo, que introduce en el espacio fingidamente real del cuadro lo que se halla frente a él, es decir, del lado del espectador. (. . .) esta práctica alcanza entre los españoles del Siglo de Oro, especialmente en Velázquez, tal perfección en su voluntaria ambigüedad que las discusiones por ella provocadas en cuanto a la interpretación de los lienzos más célebres están lejos de resolverse satisfactoriamente para todos[8].

---

[6] Existe una amplia literatura sobre el tema. Cf. p. e. F. Hartlaub, *Zauber des Spiegels*, München 1951; H. Schwarz, « The Mirror in Art », *The Art Quarterly* 15 (1952), pp. 97–118; H. Grabes, *Speculum, Mirror und Looking Glass*, Tübingen 1973. En Bruges los vidrieros y los pintores estuvieron afiliados al mismo gremio, al de San Lucas (cf. Schwarz, loc. cit., p. 110).

[7] Cf. a este respecto las obras de G. R. Hocke y de A. Hauser sobre el manierismo y de J. Gállego sobre la pintura del Siglo de Oro.

[8] *Visión y símbolos en la pintura española del Siglo de Oro*, Madrid 1972, p. 306. Cf. lo que sigue.

Un ejemplo de la primera solución, el cuadro en el cuadro, nos lo ofrece Velázquez en sus *Hilanderas* (1657). Nunca acabaremos de decidir si los dos personajes del fondo pertenecen al tapiz con el *Rapto de Europa* o están fuera y delante de él. Otro ejemplo del esquema « cuadro en el cuadro » sería un autoretrato de Murillo del año 1678, dos años antes de *HDLM*, en la *National Gallery* de Londres. Lo demuestran los atributos de la pintura (lápiz, compás, papel) y el marco ovalado que son de veras mientras la efigie del pintor es falsa. Pero, que hacer de la mano del pintor puesta encima del marco . . .? En su cuadro *Cristo en casa de Marta y María* (1620) Velázquez realiza, con aún más ambigüedad, la segunda solución, el hueco abierto en un muro – si no es un cuadro colgado en la pared o quizás un espejo que refleja lo que sucede frente a él . . .? Para la tercera solución del equívoco espejo/retrato hay, desde el renacimiento italiano hasta la época de Calderón y Velázquez, muchísimos ejemplos. Velázquez participa en esta tradición con su famosa *Venus del espejo* (1650) y, sobre todo, con sus *Meninas* (1656). Como modelo de este cuadro puede suponerse, con gran probabilidad, una pintura de van Eyck, *Las bodas de Giovanni Arnolfini y de Giovanna Cenami* (1434), obra que perteneció entonces al Rey de España. Los dos cuadros no sólo representan lo que indican sus títulos actuales sino también, en los espejos del fondo, sus observadores del momento en el que se está pintando el cuadro. Así dan testimonio del contexto real al que pertenecieron. La obra de van Eyck atestigua, con la inscripción del espejo « Johannes van Eyck fuit hic », que estuvo presente el pintor. Asimismo las *Meninas* muestran, por su título original *El cuadro de la familia,* que tan sólo los reyes, cuando estaban frente al cuadro contemplándolo, y que se ven todavia en el espejo (pintado), completaban el cuadro. La realidad y la ficción se tocan visiblemente en estas dos pinturas.

La transgresión de la frontera ontológica entre original y imitación, tópico permanente de los tratadistas del arte, se halla también en los dramas de Calderón. El ejemplo más impresionante entre otros muchos procede de la comedia *Darlo todo y no dar nada,* donde Campaspe, al ver su retrato, duda de su propia identidad:

¡ Qué es lo que miro ! ¿ Es por dicha
lienzo o cristal transparente
el que me pones delante ?
que mi semblante me ofrece
tan vivo, que aun en estar
mudo también me parece;
pues al mirarle, la voz
en el labio se suspende
tanto, que aun el corazón
no sabe cómo la aliente.
¿ Soy yo aquella, o soy yo, yo ?
Torpe la lengua enmudece,
quizá porque el alma en medio
de las dos, dudando teme
dónde vive o dónde anima,
no sabiendo, a un tiempo entre

una y otra imagen mía,
de cuál de las dos es huésped[9].

En la loa de *HDLM* son los reyes que podrían dudar de su identidad. Pues aquí la verdad de los retratos, « imitados tan al vivo » (358 a), corresponde de tal manera a la presencia de los reyes (« como estaban frente de sus originales », 358 a) que sería enteramente posible explicar la similitud entre el original y su copia por su colocación según las leyes de la óptica del espejo.

III.

¿ Pero porqué Calderón no utilizó, para el estreno de *HDLM* en presencia de los reyes, un espejo verdadero o al menos pintado como lo hizo Velázquez en su *Cuadro de la familia* dentro de una estructura casi idéntica ? La respuesta a tal pregunta tiene bastante importancia. Con el privilegio de la perspectiva nadie habría podido gozar del espejo sino solamente los reyes. El resto del público habría visto en el espejo, en vez de los reyes, otras personas o detalles del Coliseo. Solo los retratos permitían que todos y desde todas partes vieran a los reyes, presentes tanto en la escena como en la platea. Los reyes no son espectadores anónimos como el público en un teatro moderno. Se encargan más bien intencionadamente de representar a la nación entera delante de un público que se revela a su vez representativo de España y de Europa al estar distribuido en el Coliseo de acuerdo con su jerarquía social y diplomática.

Sin embargo, el papel de los reyes y de sus retratos en la loa de *HDLM* no cabe en la representación actual. Los retratos son además, en un sentido muy preciso, símbolos. Indican que el príncipe no solo es el caudillo de sus súbditos sino también su espejo. Lo dice Alfonso el Sabio, ya en el siglo XIII, de los reyes en general: « (. . .) los omes toman exemplo dellos, de lo que les veen fazer. E sobre esto dixeron por ellos, que son como espejo, en que los omes veen su semejança, de apostura, o de enatyeza »[10].

Las palabras de Alfonso el Sabio en las *Siete Partidas* pertenecen a la larga tradición de los espejos de príncipe que muchas veces llevan el término « espejo » aún en el título: *Espejo de príncipe cristiano, A Mirror for Magistrates, Speculum principum* – hasta la novela política *Der goldene Spiegel* (*El espejo aureo*, 1772) de Christoph Martin Wieland que sería, según el autor, a fines del siglo de luces « ein summarischer Auszug des Nützlichsten, was die Großen und Edlen einer gesitteten Nation aus der Geschichte der Menschheit zu lernen haben »[11] (« un resumen de lo más útil que tienen que aprender de la historia de la humanidad los grandes y nobles de una nación urbana »).

---

[9] *Obras completas*, ed. A. Valbuena Briones, tomo 1, pp. 1050 b – 1051 a. Cf. H. Bauer, *Der Index Pictorius Calderóns*, Hamburg 1969, pp. 136 – 139.

[10] *Siete Partidas*, ley 4, título 5, parte 5 (texto citado también por Saavedra Fajardo en sus *Empresas políticas*, Empresa XXXIII).

[11] Carta a Sophie von Laroche.

Los autores de dos de los más conocidos espejos de príncipe españoles de la época de Calderón, Diego Saavedra Fajardo en su *Idea de un príncipe político-cristiano* (1640) y Andrés Mendo en su *Príncipe perfecto* (1656) citan también a Alfonso el Sabio y su metáfora del espejo. Saavedra Fajardo usa, para demostrar la constancia del príncipe, el motivo de un león colocado delante de un espejo quebrado:

> Lo que representa el espejo en todo su espacio, representa también después de quebrado en cada una de sus partes: así se ve el león en los dos pedazos del espejo desta Empresa, significando la fortaleza y generosa constancia que en todos tiempos ha de conservar el príncipe. Espejo es público en quien se mira el mundo: así lo dijo el rey don Alonso el Sabio, tratando de las acciones de los reyes, y encargando el cuidado en ellas (. . .) (Empresa XXXIII)

Andrés Mendo habla en su tratado del deber de la pureza que tiene el príncipe como espejo de su reino:

> Hermosa inuenciō del arte fue el espejo, en que mirando vno sus facciones compusiese sus desaliños; pero ha de ser ta[n] puro, terso, y chrystalino, que no admita mancha, ni pueda en el detenerse vna mosca. Asi el Principe ha [de] ser espejo de su Reyno, en que miren sus vasallos, y compongan las costumbres; y para ese debe conseruar pureza chrystalina de virtudes sin manchas, y fealdad de vicios, y sin que halle[n] en su pecho entrada chismes, lisonjas, ni afectos indecentes, significados por las moscas en los symbolos Egypcios.
>
> No apartan los subditos la vista de las acciones, de quien les gouierna; como está en alto, no se pueden ocultar los menores ademanes; no hay retiro, que baste á esconderlos, porque les cerca en todas partes mucha luz[12].

Las afinidades entre este pasaje de los « documentos políticos, y morales » de Andrés Mendo y los estrenos festivos de la corte de Madrid no pueden asombrarnos. No solo tenemos aquí la explicación de que el sitial del rey está colocado en medio de la platea, sino también de que los reyes y su séquito se dirigían allí con pasos y gestos fijados por la etiqueta y que el teatro, como lo prueban las elevadas cuentas de velas y hachas, estaba totalmente iluminado. El estreno de *HDLM* es un ejemplo más de esta práctica: « Vistiéronse las paredes de diferentes colgaduras, á cuya rica variedad asistía gran número de luces, repartidas en sus sitios y colocadas en bellísimos asientos, cuyas doradas oposiciones enviaban los reflejos tan ardientes, que envidioso el sol trocara por estas luces sus rayos » (356a). Los paralelos entre el tratado político-moral y la loa de la comedia de Calderón atestiguan que los detalles del estreno festivo – los retratos, la colocación de los reyes, la iluminación – son mucho más que sólo detalles técnicos. Confirman lo que, según dice Julián Gállego, caracteriza la pintura 'realista' española del Siglo de Oro: « una necesidad de figurar, por diversos medios, la idea de lo transcendente que existe más allá de las apariencias, pero que no cabe expresar sino por las apariencias mismas »[13].

---

[12] *Príncipe perfecto, y ministros aivstados, docvmentos politicos y morales.* (. . .), Salamanca 1656, documento VIII.

[13] Op. cit., p. 326.

IV.

Nos queda por dar un último paso, el paso de la percepción del simbolismo representativo en la corte de Madrid a su interpretación crítica. Los retratos de los reyes en la loa de *HDLM* muestran, aunque no se trata de espejos sino de pinturas accesibles para todos, el aislamiento perspectívico e incluso social del último Habsburgo español. La mirada del rey no alcanza a los demás porque está fijada unicamente en su propio retrato y a lo más en las estátuas de sus antepasados, los 14 reyes de la loa. Sin embargo, la historia, a la cual recurre Calderón, concretizandola en la loa como alegoría junto a la de la fama y de la poesía, no basta para agrandar el campo visual o intelectual del rey. Saavedra Fajardo había esperado, en su *Idea de un príncipe político-cristiano* que los gloriosos ejemplos de la historia pudieran guardar al rey de la adulación y del amor propio:

> Si vuestra alteza quisiere cotejar y conocer, cuando sea rey, los quilates y valor de su púrpura real, no la ronga a las luces y cambiantes de los aduladores y lisonjeros, porque le deslumbrarán la vista, y hallará en ella desmentido el color. Ni la fíe vuestra alteza del amor propio, que es como los ojos, que ven a los demás, pero no a sí mismos. Menester será que, como ellos se dejan conocer, representadas en el cristal del espejo sus especies, así vuestra alteza la ponga al lado de los purpúreos mantos de sus gloriosos padres y agüelos, y advierta si desdice de la púrpura de sus virtudes, mirándose en ellas. (Empresa XVI)

Pero para el *nosce te ipsum* en el espejo de los abuelos habría sido menester la prudencia, una de las virtudes más importantes del príncipe según la caracterología política del tiempo. Saavedra Fajardo, siguiendo en eso una antigua tradición, la ilustra igualmente con el motivo del espejo:

> Consta esta virtud de la prudencia de muchas partes, las cuales se reducen a tres: memoria de lo pasado, inteligencia de lo presente y providencia de lo futuro. Todos estos tiempos significa esta empresa en la serpiente, símbolo de la prudencia, revuelta al ceptro sobre el reloj de arena, que es el tiempo presente que corre, mirándose en los dos espejos del tiempo pasado y del futuro, y por mote aquel verso de Homero, traducido de Virgilio, que contiene los tres:
>
> Quae sint, quae fuerint, quae mox ventura trahantur. A los cuales mirándose la prudencia, compone sus acciones. (Empresa XXVIII)

Para comprender esta argumentación moralizadora y la crisis de conciencia de la España del siglo XVII, debemos tener en cuenta también la literatura de emblemas tan característica de la época. Su máximo efecto no alcanza, según José Antonio Maravall, en los libros sino en el teatro:

> Lo que hizo Calderón, lo que hicieron otros escritores, entre ellos los que cultivaron el emblema, fue, precisamente, apartándose de la tradición medieval, acentuar en lo posible la fuerza de los factores plásticos. En el XVI, donde se podía ya experimentar la fuerza del factor plástico – sin olvidar el antecedente de la iconografía del mismo Medievo –, era en el teatro. De ahí, el auge del teatro en el barroco. Pues bien, de la

misma fuente viene la difusión de la literatura emblemática, la cual se nos aparece como escenificación o plastificación de un precepto político o moral[14].

El motivo del espejo y su aplicación concreta en la loa de *HDLM* – ¿ no es la escenificación de un precepto poético y moral ? ¿ Pero era un método eficaz ? Para determinar el valor de la contribución de Calderón a la tradición del espejo revelador, vamos a examinar por fin tres ejemplos más de la larga historia del motivo.

Arthur Schopenhauer, gran admirador y traductor de Gracián, se plantea, en las anotaciones psicológicas de sus *Parerga y Paralipomena* (1851), la cuestión de porqué a pesar de todos los espejos nadie se conoce a si mismo:

> Sin duda viene en parte de que uno se ve jamás de otra manera en el espejo que con mirada directa e inmóvil. Por eso se pierde el juego significativo de los ojos y con él en gran parte lo que es propiamente característico de la mirada. Parece que al lado de esta imposibilidad física hay otra análoga en el campo ético. Nadie puede contemplar su propia imagen en el espejo con la mirada de distanciación que es la condición de la percepción objetiva de esta imagen (. . .)[15].

Para Schopenhauer son la inmovilidad y la falta de distanciación desavantajes de la imagen reflejada en el espejo. Son precisamente esas cualidades las que caracterizan la situación de los reyes en la loa de *HDLM*. Ya en 1659 el diplomático francés François Bertaut había descrito cómo el rey acepta sin protestar, durante una representación en el Buen Retiro, mímicamente su papel de símbolo nacional:

> Pendant toute la Comédie, hormis une parole qu'il a dite à la Reine, il n'a pas branlé ni des pies, ni des mains, ni de la tête: tournant seulement les yeux quelques fois d'un côté & d'autre, & n'aiant personne auprès de lui qu'un Nain[16].

No todos los reyes se dejaron aprisionar de esa manera por la etiqueta. En el drama de Shakespeare *The Life and Death of King Richard II* el rey destituido por Bolingbroke manda llevar un espejo. Quiere estudiar los vestigios de la desgracia en su propia cara:

> Give me the glass, and therein will I read. –
> No deeper wrinkles yet? hath sorrow struck
> So many blows upon this face of mine,
> And made no deeper wounds? – O flattering glass,
> Like to my followers in prosperity,
> Thou dost beguile me! Was this face the face
> That every day under his household roof
> Did keep ten thousand men? Was this the face
> That, like the sun, did make beholders wink?

---

[14] *Teatro y literatura en la sociedad barroca*, Madrid 1972, p. 173. Cf. A. Sánchez Pérez, *La literatura emblemática española (Siglos XVI y XVII)*, Madrid 1977, y Gállego, op. cit.

[15] § 331 (texto alemán: *Sämtliche Werke*, ed. W. Freiherr von Löhneysen, Darmstadt 1968, tomo 5, p. 696).

[16] Citado por Varey, loc. cit., p. 90. Cf. Gállego, op. cit., pp. 275–276.

Was this the face that rac'd so many follies,
And was at last out-fac'd by Bolingbroke?
A brittle glory shineth in this face:
As brittle as the glory is the face;
(Dashes the glass against the ground.)
For there it is, crack'd in a hundred shivers. –
Mark, silent king, the moral of this sport, –
How soon my sorrow hath destroy'd my face. (IV, 1)[17]

El argumento del poeta inglés no es el mismo del filósofo alemán: Ricardo reprocha tanto al espejo como a la cara que no reproduzcan los cambios de la suerte. Quebrando el espejo Ricardo intenta reparar esta falta.

El rey de Shakespeare ya piensa, a fines del siglo XVI, como un moderno: Niega que el hombre pueda inferir del mundo visible estructuras y lecciones morales. Para los tratadistas emblemáticos del Siglo de Oro, al contrario, era una convicción de base. Lo documenta Baltasar Gracián en su *Oráculo manual y arte de prudencia.* Shakespeare había registrado la discrepancia entre las apariencias y la verdad moral. Medio siglo más tarde Gracián se muestra todavía convencido del realismo simbólico de origen medieval que estuvo en auge en el Siglo de Oro. Con todo Gracián da fin a la tradición del espejo revelador con un consejo sumamente actual:

No aguardar a ser sol que se pone. Máxima es de cuerdos dejar las cosas antes que los dejen. Sepa uno hacer triunfo del mismo fenecer, que tal vez el mismo sol, a buen lucir, suele retirarse a una nube porque no lo vean caer, y deja en suspensión de si se puso o no se puso. Hurte el cuerpo a los ocasos para no reventar de desaires; no aguarde a que le vuelvan las espaldas, que le sepultarán vivo para el sentimiento y muerto para la estimación. Jubila con tiempo el advertido al corredor caballo y no aguarda a que, cayendo, levante la risa en medio de la carrera; rompa el espejo con tiempo y con astucia la belleza, y no con impacienca después al ver su desengaño. (Aforismo 110)

Este aforismo del *Oráculo manual* se lee, aunque sea del año 1647, como un epílogo para la casa real española. Pero nadie lo comprendió como tal. Cuando, una generación más tarde, Carlos II se hace glorificar, en el estreno de la última comedia de Calderón, como el sol de España, ya es víctima de la propia ceguera. Los últimos días de los Habsburgos están contados[18].

---

[17] Cf. la proposición insinuante que hace Cassius a Brutus en *Julius Caesar*:
(. . .) since you know you cannot see yourself
So well as by reflection, I, your glass,
Will modestly discover to yourself
That of yourself which you yet know not of. (I, 2)

[18] Agradezco la revisión del texto castellano al Dr. Federico Latorre de la Universidad del Sarre.

El monstruo de los jardines y el concepto calderoniano del destino

Por Alexander A. Parker

Para el concepto calderoniano del destino se suele recurrir, como es natural, a *La vida es sueño,* donde se encuentran varios pasajes capitales. Por una parte hay la afirmación de que es imposible escapar del hado; por otra se afirma que puede vencerlo la prudencia. Antes de morir Clarín dice:

> que no hay seguro camino
> a la fuerza del destino
> y a la inclemencia del hado;

lo cual lleva a Basilio a la convicción de

> que son diligencias vanas
> del hombre cuantas dispone
> contra mayor fuerza y causa.

Y esta lección la confirma Segismundo al decir

> Lo que está determinado
> del Cielo, y en azul tabla
> Dios con el dedo escribió,
> de quien son cifras y estampas
> tantos papeles azules
> que adornan letras doradas:
> nunca engañan, nunca mienten.

La tesis contraria la propone Clotaldo:

> no es cristiana
> determinación decir
> que no hay reparo a su saña.
> Sí hay, que el prudente varón
> vitoria del hado alcanza[1].

Esto último se repite varias veces a través de las comedias calderonianas. Por ejemplo, en *Los tres afectos de amor* (1658), Seleuco, el rey astrólogo que saca el horóscopo de su hija Rosarda, dice:

---

[1] Calderón, *Obras completas,* I, *Dramas,* ed. Angel Valbuena Briones, 4th ed. (Madrid 1959), 396a, b; 397a; 396b. Todas las citas que siguen de comedias se sacan de este tomo o de la primera edición (1956) del segundo.

es verdad
que no siempre su palabra
cumple el hado, y que el prudente
sobre las estrellas manda (I, 1321 b).

Poco después, el mismo personaje añade que

puede el entendimiento
predominar en los astros. (I, 1328 a).

De aquí se ha llegado a lo que es casi un lugar común de la crítica, que el teatro de Calderón sigue la doctrina ortodoxa tradicional, que se cita repetidas veces en sus obras, que « las estrellas inclinan, mas no fuerzan el albedrío. » Su teatro, se suele decir, es una defensa del libre albedrío (lo cual es cierto), aun contra el destino o la fuerza del hado (lo cual deja lugar a dudas).

Se ha creído, por ejemplo, que el libre albedrío de Segismundo triunfa sobre las estrellas al desmentir el horóscopo; pero en realidad triunfa sobre la violencia de su temperamento y el horóscopo se cumple al pie de la letra. La muerte que Basilio espera al verse echado a los pies del hijo, no la leyó él en las estrellas; la creyó natural consecuencia de yacer derrotado a sus pies: solamente hasta aquí llegó la predicción del hado, y esto se ha cumplido a pesar de todos sus esfuerzos por impedirlo.

El caso que parece más claro de la alegada falibilidad del hado es la última comedia de nuestro dramaturgo, *Hado y divisa de Leónido y Marfisa*. En esta obra, dice Peter Berens en su estudio de la fatalidad trágica en Calderón, la tragedia no sobreviene porque el hado previsto no se cumple[2]. En efecto, al final Casimiro pone fin al duelo en que ha de cumplirse el hado, diciendo

que pues revoca el decreto,
de que mates o que mueras,
con sus piedades el Cielo,

añadiendo luego que

el hado fiero
ha mejorado la suerte. (II, 2149 b–2150 a).

De manera que Marfisa ni « vive matando ni mata muriendo » como el horóscopo había profetizado. Pero hay que tener cuidado en dar crédito a lo que diga un personaje; en cambio hay que prestar mucha atención a lo que dice la obra misma, o sea la acción. En este caso el astrólogo Argante dijo a Marfisa que el horóscopo que la amenaza había dicho esto:

sabe que el hombre, que más
te quiera y tú quieres
. . . .
te pondrá en tan gran desgracia,
que o tú has de matarle a él
o él a ti. (II, 2114 a).

---

[2] Peter Berens, « Calderóns Schicksalstragödien », en *Romanische Forschungen*, XXXIX (1926), 47.

Hay que notar primero que no dice que el uno matará definitivamente al otro, sino que se encontrará ella en una situación donde esta alternativa ha de esperarse. En efecto, el horóscopo se cumple cuando ella, disfrazada de caballero entra en el duelo a muerte con Leónido, duelo que Casimiro suspende cuando se da cuenta de quiénes son. Hay una clara indicación de lo indeciso del horóscopo cuando Argante dice que no sabe qué fin va a tener Leónido, porque no pudiendo penetrar en su libre albedrío no sabe todavía qué deseos e intenciones le guían.

Puede mantenerse, por consiguiente, que la profecía de *Hado y divisa* se cumple. Es una de varias profecías que son inconcluyentes: predicen la amenaza sin descubrir el final. El ejemplo clásico es *La vida es sueño*: se predice que Basilio estará a los pies de Segismundo, sin declarar lo que sucederá después.

Mantengo, por consiguiente, que cuando hay profecías astrológicas en los dramas de Calderón, todas se cumplen infaliblemente de la manera revelada, y que Calderón no presenta ningún caso del predominio sobre las estrellas del hombre sabio y prudente, en cuanto esto se refiera a algún decreto celestial revelado en la obra. Para esta afirmación me baso en once dramas en las que el hado o destino constituye el eje de la acción dramática. No incluyo las obras, y son muchas, en que hay agüeros fatales (como *La cisma de Ingalaterra*), tampoco las que contienen profecías que sirven para indicar la orientación psicológica de algún personaje, como los casos del emperador Aureliano en *La gran Cenobia*, y de Fénix en *El príncipe constante*. Aquí la profecía no determina el curso de la acción ni influye en ella.

Reconozco que podrá haber algún drama que todavía no he examinado detalladamente, donde exista una profecía secundaria que no se cumpla, de la cual me he olvidado; pero lo dudo. Con esta salvedad presento esta aseveración: que el hado calderoniano se cumple siempre de la manera prevista y que esto es el fundamento de su concepto del destino. Los once dramas del destino podrán clasificarse de esta forma.

I. Las profecías pronostican una desgracia sin ambigüedad alguna. De esta clase hay dos tipos:
   (a) La víctima procura impedir la profecía, pero fracasa porque no comprende bien el aviso que contiene. Es el caso de *El mayor monstruo los celos.*
   (b) La víctima espera que la profecía no se cumplirá, pero no hace nada, directa ni indirectamente, para impedirlo. Son *La hija del aire*, *Apolo y Climene*, *El hijo del Sol Faetón.*

II. Las profecías pronostican una desgracia, pero de forma enigmática.
   (a) La víctima puede interpretarla mal, tomándola en sentido favorable: es el caso de *Los cabellos de Absalón.*
   (b) la víctima no comprende la profecía y no entiende de dónde viene la amenaza: *Eco y Narciso.*

   Estas dos primeras clases comprenden profecías completas: todas estas obras son tragedias.

III. Luego hay una tercera clase donde las profecías pronostican una desgracia pero de una manera vaga: los personajes procuran impedirlas pero son inconcluyentes, y por no haberse previsto el final la desgracia temida no tiene lugar.

Son obras de desenlace « feliz ». Ejemplos: *Las cadenas del demonio* (si esta obra es auténtica), *La vida es sueño, Los tres afectos de Amor, Hado y divisa de Leónido y Marfisa.*

IV. Hay por fin, un drama que no cuadra dentro de este esquema, aunque podría considerarse una variante, sin desenlace trágico, de la primera clase. Aquí la profecía pronostica una desgracia: al principio la víctima lucha contra el hado, tratando de impedirlo, pero luego lo acepta y colabora con él, quedando inconcluyente el final. Este es *El monstruo de los jardines* (1667) que prefiero considerar una cuarta clase en el esquema de los dramas del destino. Es distinto de los demás porque es distinto el concepto del destino que se desarolla en él.

Aquiles en esta comedia es uno de los varios Segismundos en el teatro de Calderón, uno de los personajes criados desde la infancia en reclusión para impedir el cumplimiento de un hado adverso. Generalmente la persona recluida no sabe quién es su padre. Aquí hay los elementos constitutivos del mito del héroe, expuesto en la conocida obra de Otto Rank, *Der Mythus von der Geburt des Helden.* El ejemplo literario más conocido es la leyenda de Edipo. La mitad de los casos calderonianos son mujeres, y me inclino a creer que el prototipo de Segismundo sería una mujer, probablemente la Irene de *Las cadenas del Demonio,* obra endeble y juvenil, si no es apócrifa. La fuente clásica más obvia es Dánae, encarcelada desde la infancia por su padre por haberle dicho el oráculo que ella pariría a un hijo que le mataría a él. El que la liberación de la mujer signifique para Calderón el despertar de la sexualidad es evidente en los casos de Semíramis, Climene, la Rosarda de *Los tres afectos de Amor* y la Marfisa de *Hado y divisa.* Entre los prisioneros masculinos esto es igualmente evidente en Narciso, pero se relaciona también con Segismundo, cuya ansia del poder le impulsa a la posesión, no sólo del trono sino también de Rosaura. La salida de la cárcel es la adolescencia, el despertar de las pasiones. Toda pasión es una posible amenaza de desorden y violencia, que se cumple en la agresividad masculina y en la concupiscencia. Por eso los horóscopos que pronostican conflictos violentos tienen una base real en la naturaleza humana. Semíramis, siendo mujer varonil, representa no sólo la experiencia erótica sino también el afán de dominio. Aquiles, en *El monstruo de los jardines,* está puesto entre estas dos llamadas, la pasión erótica y la agresividad varonil de la guerra. En este teatro mitológico la pasión erótica se suele representar como herencia de la lujuria, habiendo sido concebido el hijo con la violación de la madre. Dice Semíramis de sí misma:

> Desta especie de bastardo
> amor, de amor mal nacido,
> fui concepto (I. 1019 a).

La madre, ninfa consagrada a la diosa de la castidad había sido violada por un devoto de Venus. Liríope, la madre de Narciso, fue raptada por Céfiro y violada a la fuerza. A Tetis, madre de Aquiles, le pasó lo mismo con Peleo a quien ella mata. Dice al hijo:

> Basta, pues (¡ ay infelice !),
> que embrión de una violencia

fuiste, porque no te quejes
de mí sino de tu estrella;
pues eres tan desdichado,
que cuando todos se precian
que nacieran de un amor,
naciste tú de una fuerza. (I. 1791 b).

La violencia de Tetis está en las fuentes, pero no la venganza que ella toma de Peleo; tampoco era Aquiles el único hijo, sino el séptimo. Estos cambios radicales indican la importancia que esta herencia erótica tenía para Calderón.

La leyenda de la infancia de Aquiles, que utiliza Calderón, se encuentra en Homero, Ovidio, Apolodoro y otros autores[3]. En las fuentes clásicas el oráculo de Calcas pronostica que Troya nunca podrá ser vencida sin la ayuda de Aquiles; sabiendo Tetis que él moriría joven en la guerra, le disfraza de muchacha, colocándole de doncella en palacio, para salvarle la vida. El oráculo y la decisión de Tetis los convierte Calderón en dos profecías distintas: el horóscopo que saca Tetis al nacer el hijo, y el oráculo del Templo de Marte pronunciado al empezar la obra cuando Aquiles va a salir de la reclusión. El horóscopo dice que al tercer lustro de su vida le amenazará

la más fiera
lid, la más dura batalla,
la campaña más sangrienta
de cuantas en sus teatros
la fortuna representa. (I, 1792 a).

Por eso le ha guardado ella, y ahora tendrá que guardarse él, hasta pasado el plazo fatal, que es de suponer serán los quince años de edad. El oráculo de Marte pronuncia su profecía cuando Aquiles está ya a punto de rebelarse contra la tutela de la madre. Dice Marte:

Troya será destruida
y abrasada por los griegos,
si va a su conquista Aquiles,
a ser homicida de Héctor.
Aquiles, humano monstruo
de aquestos montes, en ellos
un risco . . . (I, 1783 a).

Y el oráculo no pudo acabar por sobrevenir un terremoto mandado por Venus para estorbar que los griegos hallasen a Aquiles, de modo que ellos saben a quién buscar pero no dónde buscarle. Esta profecía es inconclusa en el sentido de que no dice si Aquiles irá o no irá a la guerra: esto, pues, podría ser una decisión libre de parte suya y no forzada por el hado. El horóscopo es también inconcluso, pertenece al tipo de amenaza solamente, y no predice la muerte de Aquiles en esta guerra. Juntas

---

[3] Véase Robert Graves, *The Greek Myths* (1955 etc.), cap. 81 y 160, donde se registran las fuentes.

las dos profecías, resulta claro que « la campaña mas sangrienta » del horóscopo tendrá que ser la destrucción de Troya de que habla el oráculo. Puesto que el oráculo se dirige a los griegos cuando ya están preparando la expedición, tiene que ser distinto del horóscopo, mediando quince años entre ellos. No hay nada de particular, pues, en que haya dos profecías distintas aunque unidas.

Sin embargo, la división de una profecía en dos constituye una nueva variante en la presentación calderoniana del hado. Las profecías fatales son todas amenazas, o claras o vagas, y el horóscopo de Aquiles pertenece al tipo general. Pero la segunda profecía no es una amenaza, sino todo lo contrario, promesa de victoria en una empresa heroica: Aquiles será vencedor en combate con el campeón troyano, con la consiguiente destrucción de la ciudad. Este es el tipo de profecía que hallamos en *La gran Cenobia,* donde se pronostica que Aureliano será emperador. Pero allí no hay amenaza. En *El monstruo de los jardines,* en cambio, sí la hay. Además de una amenaza que el protagonista tiene que temer y al que debe procurar eludir, tenemos algo positivo que promete la gloria, pero la promesa va unida con la amenaza. Por primera y (según creo) única vez en el teatro calderoniano la amenaza del hado no es puramente negativa: hay que aceptarla y hacerle frente en una acción positiva. Ya no es cuestión de persecución u opresión del hado, como en otros dramas; ya no se trata de lo que *Hado y divisa* llama « la inclemente cólera del destino. »

Esta distinción está muy clara, puesto que en ella estriba todo el conflicto dramático, el cual consiste en rechazar o aceptar el destino señalado por el oráculo. Nosotros podemos ver que el destino aquí es lo que hoy llamamos vocación, en el sentido social y aun psicológico. Calderón no emplea la palabra aquí[4]; tampoco emplea para esto la palabra destino. En *El monstruo de los jardines,* en vez de decir « cumplir con su destino » (o sea, « seguir la vocación »), dice él por boca de Ulises « cumplir con su mismo natural » (I, 1799b). El conflicto psicológicomoral de Aquiles lo plantea en términos de lo natural y lo innatural, o sea lo *monstruoso.* Aquiles empieza siendo *el monstruo de las selvas,* y pasa a ser el *monstruo de los jardines*; tiene que ir más allá y llegar a ser el *caudillo de la fama.* Estas son las frases con que Calderón distingue los varios aspectos del concepto del destino, mediante el conflicto dramático que ahora me propongo analizar.

Aquiles se cría en la cueva del centauro. Este es un monstruo en el sentido de anormal, medio hombre, medio animal. Cuando Aquiles sale de la cueva es el « monstruo de las selvas, » ya que los moradores del campo le creen ser fiera que los amenaza. Esto se relaciona con la tradición del salvaje, personaje que aparece, por

---

4 El *Diccionario de Autoridades* al registrar el significado de *vocación* como « oficio, o carrera, que se elige para pasar la vida, por armas, letras o mecánica », añade: « Es del estilo familiar ». Calderón emplea *vocación* en los autos sacramentales para denotar la llamada al bien que siente el hombre dentro de la ley natural: i. e.

Demonio Para que a verlas no alcance,
nieblas habrá que le cieguen.
Angel También vocaciones que
con rayos de luz le adiestren.
(*Los alimentos del Hombre, Obras,* III [1952], 1614b).

ejemplo, al principio de la *Cárcel de amor,* y luego en la *Diana* de Montemayor, amenazando a las pastoras. Este salvaje literario es una representación de la lujuria[5], pero claro está, en una comedia palaciega, esto solamente se insinúa con delicadeza. La primera salida de Aquiles de la cueva representa claramente la adolescencia. Sale atraído por el canto de mujeres, y lo primero que ve es a Deidamia dormida. Ya conociendo mujeres es imposible que Aquiles vuelva al encierro de la cueva. A Tetis, su madre, le dice que hasta ahora

> toleraba mi estrella,
> en la fe de la ignorancia,
> el voto de la paciencia (I, 1790b);

pero ya, conociendo la inquietud amorosa, añade que « es tarde para obediencia ». Reconoce Tetis que un nuevo peligro, « el amor que te atormenta », se ha añadido al « hado que te amenaza » y al « oráculo que te arriesga » (I, 1792b–93a). Ella no puede impedir que sirva a su dama (la frase la emplea ella), pero que la sirva no como amante sino como compañera y criada.

Disfrazarle de mujer es el recurso que ella idea para ver

> si tiene el ingenio fuerzas
> contra el poder de sus hados
> e influjo de sus estrellas (I, 1793a).

Naturalmente en esta situación ambigua Aquiles y Deidamia, como en el mito, se enamoran. Ahora es Aquiles « el monstruo de los jardines », siendo los jardines la esfera de la mujer, símbolo que tantas veces aparece en comedias y autos calderonianos. Aquiles, vestido de mujer, y viviendo con ellas en los jardines, es una anormalidad en la naturaleza: es un hombre « desvaronizado », por decirlo así. Entregarse totalmente al amor de las mujeres en el ambiente que les es propio supone para el varón ir contra la naturaleza. El ambiente propio del varón es el servicio del estado y no sólo el de la mujer. Aquiles, hablando con Deidamia, se llama a sí mismo:

> Monstruo, pues, de dos especies,
> tu dama de día, y de noche
> tu galán (I, 1803b).

La voz de la naturaleza (es decir, la *vocación*) no deja de oírse. Ulises, encargado de encontrar al Aquiles designado por el oráculo como campeón militar de Grecia, decide hacer sonar las militares voces de caja y clarín, diciendo:

> y no es posible que quien
> ya en los vaticinios triunfa

---

[5] El símbolo del Salvaje, claro está, llega a tener mayor alcance. Véase *The Wild Man Within. An Image of Western Thought from the Renaissance to Romanticism,* ed. Edward Dudley and Maximilian E. Novak (Pittsburgh 1972). El símbolo calderoniano de la Fiera guarda siempre relación con el instinto erótico dentro del concepto general de pasiones todavía sin domar.

y en los oráculos vence,
oyendo este idioma, cumpla
con su mismo natural,
si arrebatado no busca
la horrible voz de la guerra
que sus aplausos pronuncia (I, 1799b).

El subterfugio tiene éxito. Oyendo ahora la llamada del destino Aquiles se encuentra en un conflicto angustioso. Tiene que escoger entre la felicidad y el deber: la felicidad que es el amor de Deidamia, el deber que es la llamada de la patria y la guerra. El escarnio de Ulises, que se mofa de sus vestidos mujeriles, hace que el deber se equipare al honor. Aquiles decide, atormentado, « poner a salvo mi honor » (I, 1813a), lo cual requiere sacrificar a Deidamia y a su propia felicidad.

Semejante conflicto entre el deber y la felicidad, entre el honor y el amor, es el móvil dramático más común en el teatro del siglo de oro. Lo nuevo aquí es presentarlo dentro del marco del destino concebido como vocación individual, lo cual supone « cumplir con el natural ». Esto da un nuevo matiz al concepto del honor. La llamada de la patria y la vergüenza de vestirse ropa de mujer son el honor tradicional, el acato de la opinión ajena. Pero el honor de Aquiles es también cumplir con su natural, cumplir con lo que uno debe a sí mismo, con la vocación. Es esta fidelidad a sí mismo más bien que el conformarse con la opinión social lo que impone y justifica el sacrificar a Deidamia.

Implicada ella íntimamente en el honor de Aquiles, tiene que desempeñar un papel principal en este conflicto. De ella no nos dice casi nada el mito. Conforme a su técnica habitual Calderón presenta en ella el reverso del problema, el aspecto femenino del conflicto entre el amor y el honor (también en el sentido de cumplir con el natural). Ella representa al principio el tipo dramático tradicional de la mujer esquiva, la que desdeña el amor y que no quiere someterse al hombre. Este tipo dramático ha sido estudiado por Melveena McKendrick en su libro notable *Women and Society in Spanish Golden-Age Drama* (Cambridge 1974). La Deidamia de Calderón no es uno de los personajes seleccionados por ella para ejemplificar el tipo. Al principio de la obra Deidamia está muy airada porque su padre quiere casarla con Lidoro, sabiendo que ella tiene

tan grande aborrecimiento
a los hombres, que no ha habido
quien me merezca un desprecio (I, 1784a).

Este aborrecimiento, dice, lo tiene « por natural condición ». Sin embargo se enamora luego de Aquiles. En el tipo de la mujer esquiva se han percibido sugerencias de lesbianismo; a veces son bastante claras, como en la Serafina de *El vergonzoso en palacio* de Tirso. Los que andan en busca de semejantes rasgos han hecho caso omiso de Deidamia, mujer que aborrece a los hombres y se enamora de uno creyéndole mujer. La relación que esto pueda tener con el tema dramático me parece ser la siguiente. Si en efecto los dramaturgos sugerían lesbianismo en las mujeres esquivas era porque buscaban una explicación de la esquivez, tan poco comprensible de por sí por ir en contra de la naturaleza, o sea de la vocación de la mujer. No se les concedía a las mujeres el derecho de quedarse solteras por aborrecer a los hombres: eso era renegar de la vocación femenina. De modo que cuando dice Deidamia « para no amar nací » (I, 1799b), el destino tiene que desmentir esta altivez. En efecto ella nació para amar a Aquiles y en esto cumple con su natural. Resuelto el conflicto con la naturaleza surge el conflicto con el honor, conflicto tan angustioso para ella como lo es para Aquiles. Elige la obediencia al padre y está a punto de sacrificar su amor, pero viendo alejarse Aquiles para siempre no puede resistirlo mas:

> No te ausentes, no me dejes
> conmigo a mí, y yo te ofrezco
> ser tuya, aunque se aventuren
> padre, esposo, honor y reino.
> Tuya he de ser: no te vayas (I, 1815a).

Conmovido, Aquiles va a rendirse:

> Piérdase vida y honor,
> fama y gloria.

Pero enseguida suenan caja y clarín y dice:

> La voz de Marte me llama.
> Deidamia, adiós; que no puedo
> no responder a esta seña. (ibid.).

Es la voz del destino y tiene que obedecer. También el grito de ella « Tuya he de ser: no te vayas » es la voz del destino que tiene que obedecer ella, el destino de la mujer. Sacrificando ella el honor, sacrificará la felicidad y la vida. Sacrificando él el amor sacrificará la felicidad y también, en la guerra, la vida. A esto los ha traído el destino, la vocación respectiva. Pero en realidad no existe conflicto entre la vocación y la felicidad: es un conflicto artificial impuesto por normas sociales que también son artificiales y no naturales. Descubiertas las relaciones ocultas de los dos, tanto Aquiles como Deidamia van a morir a manos de la sociedad agraviada. El desenlace que lo impide es muy abrupto, como de costumbre, pero el mensaje de la obra queda claro. La voz de la diosa Tetis aquieta el tumulto e impide las matanzas: al decir ella

> no os quitéis, valientes griegos,
> la felicidad matando,
> que dél esperáis viviendo (I, 1815b)

está abreviando el mensaje de la obra: que la felicidad es el destino humano. Todo lo que va en contra de ella (la rigidez del honor, los odios, rencores, venganzas y muertes) impide que la humanidad « cumpla con su natural ».

A pesar de esta súbita transformación con la aceptación oficial de los amores de Aquiles y Deidamia, el final de la obra plantea una duda. Dice la diosa Tetis que esta lucha que ella apacigua era el hado contra el que trató de salvar a Aquiles. De ser esto así, tenemos un ejemplo más de una profecía inconclusa: se predijo la lucha pero no las consecuencias, las cuales resultan felices. Esto nos causa sorpresa, porque las palabras del horóscopo anunciaban una lucha mucho más violenta y más extendida que la ira del Rey en palacio:

> te amenaza la más fiera
> lid, la más dura batalla,
> la campaña más sangrienta
> de cuantas en sus teatros
> la fortuna representa.

Al oír estas palabras por primera vez el público debió de pensar en seguida en la guerra troyana, y tenía razón. No podrían referirse a otra cosa, y a pesar de las palabras tranquilizadoras de Tetis al final siguen refiriéndose a eso. El público, al acabarse la pieza, sabe que Aquiles, en efecto, morirá en la « campaña más sangrienta de cuantas en sus teatros la fortuna » había representado hasta entonces. El heroísmo a que el destino le llama acabará en tragedia para él. Pero esto es su vocación. Hay que seguir el camino de la vocación, haciendo frente al destino con actitud positiva, sin dejarse aterrar por las desgracias probables ni procurar eludir los peligros. Esta lección también la había aprendido Deidamia.

Aspectos bibliográficos calderonianos

Por Kurt Reichenberger

Si es posible imaginar una lista de los mejores dramaturgos del teatro universal el nombre de Calderón ocuparía, sin lugar a dudas, aun contando con las vacilaciones a que está sometida toda valoración literaria, uno de los primeros puestos. La aceptación de sus obras por parte del público que las vio nacer fue desde luego notable, pero al fin de cuentas, tan poco decisiva como su extraordinario influjo en el drama francés del siglo XVII que aspiraba a conquistar el cetro escénico. El éxito de que Calderón goza en todo el mundo como *clásico del teatro* es más bien el resultado de un largo proceso de selección, en el cual su obra hubo de ponerse a prueba una y otra vez a lo largo de tres siglos. Enemigos no le han faltado: en vida del autor aquellos fanáticos de la religión, a quienes el teatro les resultaba sospechoso por esencia; en el siglo XVIII los epígonos representantes del clasicismo; entre 1765 y 1800 los ilustrados que lograron la prohibición de sus autos sacramentales, y en el siglo XIX la repulsa de los eruditos positivistas, enemigos de toda metafísica[1]. Particularmente la aversión sentida hacia su obra por motivos ideológicos ha tenido consecuencias decisivas para la investigación calderoniana. En contradicción con el indiscutible interés que desde el Romanticismo vienen despertando Calderón y su obra se da el singular hecho de que, hasta el presente, falta una edición crítica de sus obras completas y de que la historia de los textos sigue siendo en gran medida *terra incognita*.

Empiezan ya las primeras dificultades con respecto a la colosal amplitud de la obra de Calderón: no se sabe con certidumbre ni siquiera el número de comedias que escribió realmente Calderón. Aunque el propio autor, como ha comprobado *Edward M. Wilson*, hizo probablemente dos veces en su vida[2] una lista de sus comedias, se ha demostrado que dichas listas no son completas, que no contienen, al menos, las obras que Calderón escribió en colaboración con otros autores. Además de esto ocurre que la autoría de otras obras que se atribuyen a Calderón sigue en muchos casos sin estar aclarada y no puede, en consecuencia, ni afirmarse ni negarse que sean de él. Aproximadamente diez piezas compuestas por Calderón se han

---

1 Un resumen de las emociones desatadas lo ofrece la conferencia de *H. Mattauch* en el coloquio de Wolfenbüttel « Calderón ante la crítica francesa (1700–1850) » que se publica en este mismo tomo, p. 71–82.

2 Véase *E. M. Wilson*, « An early list of Calderón's comedias », Modern Philology 60 (1962/63) 95–102.

perdido o, al menos, no se han encontrado hasta la fecha y, si ha de darse crédito al primer editor de sus obras, Juan de Vera Tassis, dicho número sería muy superior, contando los entremeses y otras piezas menores. Vera Tassis habla de unas 100 « obras cortas », mientras que en la actualidad no se conocen ni siquiera 30, una parte de las cuales, a su vez, no son, sin más, atribuibles a Calderón[3].

Con respecto a la autenticidad de la redacción textual de las comedias, fuera de algunos casos concretos en que se conserva el manuscrito original, los investigadores topan aún con problemas insolubles. Las comedias de Calderón se publicaron de dos formas diferentes, características para la dramaturgia del Siglo de Oro y conocidas bajo los nombres de *partes* y *sueltas.* Bajo el término de *partes* se designan colecciones, la mayoría de las veces de doze comedias. Unas veces pueden contener piezas de un solo autor, otras de diferentes *ingenios,* como ocurre por ejemplo en las *Diferentes* y las *Escogidas.*

108 de las comedias de Calderón aparecieron en nueve partes, las cuatro primeras se publicaron varias veces en vida del autor y, al menos en parte, bajo su colaboración. Sin embargo lo cierto es que sigue habiendo muchos puntos sin aclarar. Por un lado hay que tener en cuenta las distintas ediciones y las fechas de aparición, en parte falsas. Por el otro, de algunas de estas comedias se conservan otras versiones manuscritas o impresas, cuyo texto diverge considerablemente de las *Partes* mencionadas. La *Quinta Parte*, rechazada expresamente por Calderón, contiene ocho comedias que sin duda son suyas, y en relación a tres de ellas dicha *Parte* representa la primera edición impresa. A esto se suma el que aproximadamente la mitad de las comedias, salidas con seguridad de la pluma de Calderón, no están recogidas en las primeras partes. Tras la muerte de Calderón continuó la publicación de sus obras *Juan de Vera Tassis y Villaroel* desde la *Verdadera Quinta Parte* de 1682 hasta la *Novena Parte* editada en 1691. Con respecto a estas partes de *Vera Tassis* hay que tener en cuenta, que no todos los tomos son auténticos; en parte son colecciones de *sueltas* con las páginas preliminares de *Vera Tassis.* Este hecho ha pasado largo tiempo desapercibido, a pesar de que ya *A. Morel Fatio* señaló en su edición de « El mágico prodigioso » (1877)[4] que la *Parte VI* usado por él constaba de *sueltas*[5].

---

[3] Ni siquiera la autenticidad de las 108 comedias contenidas en las nueve partes de comedias de Calderón ha sido aceptada sin contradicción: unos calderonistas ya no creen por ejemplo « Las cadenas del demonio » y « Céfalo y Pocris » como comedias auténticas, ni hablar de las otras cinco comedias (« La exaltación de la Cruz », « La Sibila del Oriente », « Los cabellos de Absalón », « Nadie fie su secreto » y « Las tres justicias en una ») las cuales, según *Hartzenbusch,* no sean de Calderón. Recientemente *Constance Hubbard Rose* considera la segunda parte de « La hija del aire » como escrito por *Antonio Enríquez Gómez* en su artículo « Who wrote the Segunda Parte of La hija del aire? » Revue belge de philologie et d'histoire 54 (1976) 797–822.

[4] Véase p. LXVII de la edición del « Mágico prodigioso », Heilbronn, Madrid, Paris 1877.

[5] Más sobre este asunto en *D. W. Cruickshank* « The textual criticism of Calderón's comedias: a survey. En « The comedias of Calderón ». A facsimile edition prepared by *D. W. Cruickshank* and *J. E. Varey.* London 1973. Vol. I, p. 1–35.

Ahora bien, hay de notar que las *Partes* de las comedias de Calderón, incluso las aparecidas entre 1636 y 1681, no pueden considerarse con seguridad como la redacción querida por Calderón. De aquí que, a la hora de establecer textos definitivos, se hace necesario cotejar los textos, en todos los casos en que falta el manuscrito original, no solo con las *Diferentes* y *Escogidas*[6], sino también con las ediciones sueltas.

Con el vocablo de *sueltas* se denomina el gran número de comedias editadas cada una por separado en la España de los siglos XVII y XVIII. Por regla general se imprimieron en papel de calidad más deficiente y de formato en cuarto. No llevan título en la cubierta, sino sólo en la cabezera del texto. Al final tienen a menudo un colofón, en el que se consignan el nombre del editor y la fecha de publicación; otras veces faltan dichos datos. En estos casos la fecha de la edición sólo puede descifrarse mediante el análisis de la tipografía. Las *sueltas* más antiguas, es decir las más interesantes para la historia del texto, suelen carecer de fecha. Por esto, una de las tareas primordiales debe ser, en principio, establecer un sumario de las *sueltas* existentes, para examinar después consecuentemente los problemas de fechas.

Existen ya unos catálogos de *sueltas* impresos de bibliotecas europeas y norteamericanas, como los catálogos de *A. M. Coe* para las bibliotecas de los colegios de Wellesley, Mount Holyoke y Oberlin, la colección Ticknor de Boston y la de la University Library de Toronto, de *W. A. McKnight* y *M. B. Jones* para la University of North Carolina Library, de *B. B. Ashcom* para la Wayne State University Library y las listas de *J. Moll* para la Biblioteca de la Real Academia Española. Pero excepto las listas de J. Moll para las sueltas de Calderón aparecidas en Barcelona entre 1763 y 1767, dichos catálogos no son espezializados en las obras de Calderón. Además la exactitud de los datos en estos catálogos es de muy distinto calibre: suelen contener los títulos de cada una de las *sueltas* en forma abreviada y en ortografía moderna, faltan datos exactos sobre la tipografía y a veces también el número de la *suelta*. Para lograr una catalogación definitiva de todas las *sueltas* de Calderón se hace necesaria una descripción de cada una de las ediciones, que tenga en cuenta no sólo el título, sino también el índice de personajes que aparecen trás él, el título corriente a la cabeza de cada una de las páginas, las signaturas tipográficas,

---

[6] En la colección *Diferentes* se encuentran nueve comedias de Calderón, y otras tres escritas en colaboración, impresas por la primera vez. Respecto a las *Escogidas* se trata de 34 comedias calderonianas y otras seis escritas en colaboración. Sobre la situación bibliográfica de las *Diferentes* informe *Maria Grazia Profeti* en su artículo « Appunti bibliografici sulla collezione Diferentes Autores » en Pubblicazioni dell'Istituto di letteratura spagnola. Università di Pisa 1969/70, 123–186. Por las *Escogidas* véase el « Catálogo descriptivo de la gran colección de Comedias Escogidas » por *E. Cotarelo*, Madrid 1932, al que deben sumarse las indicaciones de *A. Gasparetti* en Archivum Romanicum 15 (1931) 541–448 y 22 (1938) 99–117. Hay de tener en cuenta que de las *Diferentes* y *Escogidas* existen también *pseudo-partes* compuestas por *sueltas* aisladas, y de unas y otras, como de la *Parte XLII* de *Diferentes* (con cuatro comedias calderonianas) y de la *Parte Sexta de Escogidas* (con tres comedias de Calderón) no se conocen partes originales.

la paginación, la colación, el colofón y no en última instancia las peculiaridades de la disposición del texto impreso[7].

De especial importancia son, en este contexto, las *sueltas* comprendidas en los volúmenes del *Pseudo-Vera Tassis*, ya que todo induce a suponer, que surgieron antes de la nueva edición de Vera Tassis comenzada en 1715.

Con este motivo publicamos en el *Tercer Tomo* de nuestro *Manual bibliográfico calderoniano* detalladas descripciones de sueltas calderonianas la mayoría de estas contenidas en los volúmenes *Pseudo-Vera Tassis* de la Biblioteca Nacional y de la Worth Collection en Steevens' Hospital de Dublin analizados por *E. M. Wilson* y *D. W. Cruickshank*. Tambien allí se encuentran descripciones de trece volúmenes *Pseudo-Vera Tassis* de la Biblioteca Nacional de Austria y de dos volúmenes de la Bayerische Staatsbibliothek.

Un cuadro de conjunto de todas las *sueltas* de Calderón conocidas hasta hoy se hallará en el *Primer Tomo* del dicho manual bibliográfico[8]. El problema de la transmisión de los textos calderonianos hay que enfocarlo de otra manera cuando se trata, no ya de las comedias, sino de los autos sacramentales. En primer lugar – y por contraposición a las comedias – se conservan, respecto a los autos, muchos autógrafos de Calderón, unos en manuscritos originales, otros en copias limpias de su puño y letra. De tales autos conocemos pues, lo mismo que de los publicados en la *Primera Parte de Autos Sacramentales* de 1677, el texto auténtico. La edición del texto en forma de *sueltas* tiene poca importancia tratándose de los autos sacramentales, pero existe en la mayoría de los casos un número de manuscritos contenidos bien en las colecciones manuscritas de los autos sacramentales, bien en copias manuscritas aisladas. La colación de las copias manuscritas con objeto de poder señalar posibles dependencias mutuas es de desear en particular para los autos que carecen de manuscrito auténtico.

---

7 En torno a este problema véase sobre todo el trabajo de *E. M. Wilson* « Comedias sueltas: a bibliographical problem » en « The comedias of Calderón ». A facsimile edition prepared by *D. W. Cruickshank* and *J. E. Varey*. London, 1973. Vol. I, 211–219. Recientemente aparecieron dos catálogos nuevos de comedias sueltas de ejemplar exactitud, el de *A. J. C. Bainton* « Comedias sueltas in Cambridge University Library: a descriptive catalogue ». Cambridge 1977, y el de *Mildred V. Boyer* « Spanish dramatic literature in the University of Texas Library ». Boston 1978.

8 El número de las sueltas calderonianas registradas en el Tomo I del « Manual bibliográfico calderoniano » de *Kurt y Roswitha Reichenberger* (de muy proxima aparición) es de cerca de 10000 copias singulares. Indudablemente hay todavía fuentes para hallar otras sueltas aún no totalmente agotadas, como se prueba en caso de las 588 sueltas de comedias de Calderón adquiridas por *B. Scarfe*, La Trobe University, Bundoora, Virginia, Australia (véase el artículo de *Bruno Scarfe* en Bulletin of the Comediantes 29 (1977) 126–135).

Estructura e interpretación de una comedia de capa y espada de Calderón *Cada uno para sí*

Por José Mª Ruano de la Haza

La primera, y probablemente única, crítica literaria de *Cada uno para sí* apareció anónimamente en el *Memorial Literario* de Madrid en 1785. Al desconocido crítico dieciochesco le pareció bastante confusa y cargada la trama de la comedia, aunque admiraba la ingeniosa y graciosa solución de tantas confusiones[1]. Una trama confusa y una solución graciosa son, sin embargo, a mi entender, características mutuamente excluyentes. En esta ponencia trataré de mostrar que si el desenlace de *Cada uno* le pareció a este crítico gracioso e ingenioso es porque está respaldado por una estructura cuidadosamente erigida.

La estructura utilizada por Calderón para la construcción de la mayor parte de sus comedias de capa y espada estaba basada, con variaciones y diferentes grados de complejidad, en una serie de situaciones triangulares. En mi opinión, *Cada uno*, probablemente la última comedia de capa y espada que compuso Calderón, representa su dominio total de esta fórmula teatral.

La acción principal de *Cada uno*, en la que intervienen tres galanes y dos damas, número de personajes principales favorecido por Calderón, puede ser subdividida en dos intrigas: la primera tiene como base los amoríos de Leonor y Félix, y la segunda, los de Carlos y Violante. La obra concluye cuando estas dos parejas se dan la mano en escena en señal de matrimonio. A lo largo de la comedia, las dos parejas son contrastadas y comparadas, en una serie de analogías positivas y negativas, con la intención evidente de trazar un paralelo entre sus dos carreras. Este paralelo está designado a relacionar las dos intrigas intelectual y emotivamente de tal manera que nuestra reacción a la una condiciona y está condicionada por nuestra reacción a la otra.

La primera de estas intrigas (Leonor-Félix) presenta una situación muy convencional en el teatro calderoniano: tres galanes, relacionados entre sí, están enamorados de una misma dama: Leonor, dama de Félix, tiene otros dos pretendientes, Enrique y Carlos, quienes son, al mismo tiempo, los mejores amigos de Félix; Enrique es, además, el informante de Carlos en unas pruebas de limpieza de sangre, necesarias para su ingreso en la Orden de Santiago. Estos cuatro personajes están, por lo tanto, envueltos en cuatro situaciones triangulares:

1) Enrique-Leonor-Carlos

---

[1] Ada M. Coe, *Catálogo bibliográfico y crítico de las comedias anunciadas en los periódicos de Madrid desde 1661 hasta 1819* (Baltimore, 1935), 33–34.

2) Félix-Leonor-Carlos
3) Félix-Leonor-Enrique
4) Enrique-Félix-Carlos

La segunda intriga presenta una situación bastante convencional también: Violante, dama de Carlos, y por consiguiente rival de Leonor (véase la primera intriga), se enamora de Félix, galán de Leonor y amigo de Carlos; las dos damas son, además, primas hermanas. En esta segunda intriga sólo tres situaciones triangulares son posibles:

1) Félix-Violante-Carlos
2) Leonor-Carlos-Violante
3) Violante-Félix-Leonor

La cuarta (Carlos-Leonor-Félix) forma ya parte de la intriga primera.

La red de triángulos que forma la acción principal de *Cada uno para sí* puede, por consiguiente, ser representada de la siguiente manera:

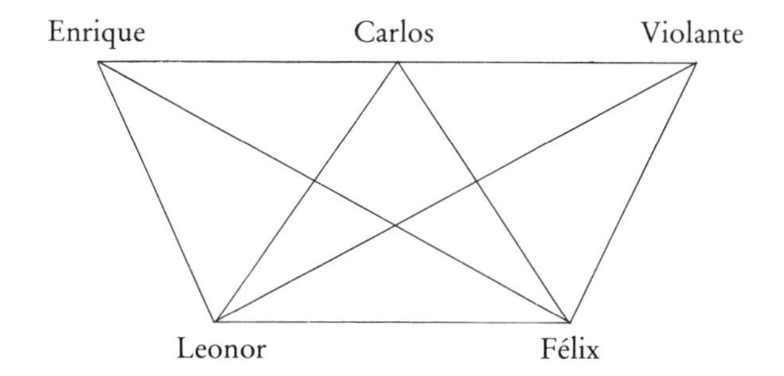

Es de notar, en primer lugar, que la mayor parte de las relaciones binarias que forman esta red triangular existen a dos e incluso tres niveles: Carlos y Enrique, por ejemplo, no sólo son rivales por el amor de Leonor sino que además son informante e informado en las pruebas de pureza de sangre; Violante y Leonor son rivales por el amor de Félix y también por el de Carlos (aunque le pese a Leonor) y son, además, primas hermanas. Tarde o temprano todos los personajes de *Cada uno* se encuentran confrontados con otros personajes que poseen una personalidad doble con respecto a ellos; en otras palabras, se encuentran cara a cara con un típico dilema calderoniano en el que la amistad y el amor, o el honor y la familia están en conflicto. En segundo lugar, es de notar que todos los triángulos son triángulos amorosos que tienen como base los celos y la rivalidad. El único problema de honor en esta comedia – las pruebas de pureza de sangre de Carlos – se resuelve sin conflicto alguno, incluso suspendiendo momentáneamente la rivalidad que separa informante e informado.

La estructura triangular que relaciona a los personajes de la acción principal de *Cada uno* no sólo convierte sus dos intrigas en inseparables sino que, en cierto modo, dicta tambien el curso del argumento. Un análisis de la acción principal de esta comedia mostrará que el desarrollo argumental de sus dos primeras jornadas está determinado por la necesidad de presentar lógica y consecutivamente las situaciones triangulares que la componen.

La acción de la comedia empieza con la llegada de Félix y su criado Hernando a Toledo, camino de Madrid. Pronto, Félix se halla mezclado en un típico lance calderoniano. Una dama en apuros (Violante) le ruega que ayude a un caballero a quien atacan tres hombres. Después de poner en fuga a los atacantes, Félix descubre que el hombre a quien ha ayudado es su amigo Carlos. A continuación, nota que no anda todo bien entre Carlos y su dama Violante. Ella no quiere ni oírle, ni verle, ni que la siga. Violante, al mismo tiempo, deja entrever que Félix no le es indiferente[2]:

> . . . pues no tengo
> riesgo en ir sola, os suplico
> (sobre lo bizarro atento
> a que siempre agradecida
> confesaré lo que os debo)
> os quedéis . . . (1663 a)

Lo reglamentario en estas situaciones es, en todo caso, que la dama agradecida se enamore del galán que la ha ayudado (Cf. *La dama duende*). Pero lo que hemos presenciado en esta escena es simplemente la formación y presentación de la primera situación triangular de la segunda intriga: Félix-Violante-Carlos. Nótese que de los tres componentes del triángulo, dos de ellos, los galanes, desconocen por ahora que esta situación exista. Esta es, como veremos, una característica esencial de la estructura triangular.

Después de la marcha de Violante, Félix deseoso de saber la causa de su enojo, pide a Carlos que se la explique. Este le cuenta que Violante y él iban encaminados hacia el matrimonio cuando, a causa de una querella convencional en una casa de juego, él se vio obligado a huir a Madrid. Una vez allí vio a una hermosa dama (Leonor) que vivía en la casa de enfrente y se enamoró perdidamente de ella. Una noche que la dama estaba tomando el fresco en su balcón decidió bajar a hablar con ella, pero, antes de que pudiera pronunciar palabra, fue atacado por un rival (Enrique) que merodeaba por allí. Carlos, más rápido que el otro, consiguió acuchillarle y huir. Posteriormente, concluye Carlos, un criado suyo contó sus aventuras en Madrid con todo detalle a Violante.

El propósito principal de esta narrativa es permitir que los espectadores visualicen la primera confrontación triangular de la primera intriga: Enrique-Leonor-Carlos; una confrontación que tuvo lugar antes del comienzo de la comedia pero que no por eso, como veremos, es menos real o importante que las otras. En esta ocasión, los dos galanes saben que están envueltos en un triángulo amoroso pero ninguno de ellos conoce la identidad de su rival.

La función del primer cuadro de *Cada uno* es presentar estas dos situaciones triangulares. Una vez que se ha conseguido esto, llega la Justicia, Carlos se refugia en un convento, y Félix continua su viaje a Madrid y hacia la siguiente confron-

---

[2] Todas las referencias son al tomo II de las *Obras completas*, edición de Angel Valbuena Briones (Madrid, 1956).

tación triangular. Antes de su presentación, sin embargo, hay una especie de interludio que, además de permitir el desarrollo de la trama de los graciosos, sirve para echar los cimientos de la tercera situación triangular.

En este interludio (segundo cuadro del primer acto), Enrique concierta con Juana, criada de Leonor, una visita a casa de su ama para aquella misma noche. Significativamente, tan pronto como oímos que Félix ha llegado a casa de Enrique, donde va a albergarse, éste sale de escena para recibirle. Félix no aparece en escena porque no tiene función alguna que desempeñar en este interludio preparatorio.

El tercer y último cuadro de la primera jornada tiene lugar en casa de Leonor y sirve para presentar en escena los triángulos números dos y tres de la primera intriga:

Félix-Leonor-Carlos
Félix-Leonor-Enrique

Félix va a visitar a Leonor y es informado de que su padre ha decidido llevársela de Madrid sin ninguna explicación. Como es de rigor, D. Diego, el padre, aparece en ese momento y Félix ha de esconderse. Desde su escondite, Félix oye la verdadera razón de la repentina decisión del padre. D. Diego se ha dado cuenta de que Leonor tiene tres pretendientes y sabe que los dos galanes tuvieron un altercado bajo la ventana de su hija. Félix comprende en ese instante que tiene dos rivales. Por razones de economía, estas dos situaciones triangulares, por ser completamente idénticas en cuanto concierne a Félix y a Leonor, son tratadas por Calderón, y por los mismos protagonistas, como si fueran una sola. La materialización en escena de estos dos triángulos ocurre cuando Enrique, de acuerdo con lo pactado con Juana en el cuadro anterior, aparece en la calle y pide a voces que le dejen entrar como le habían prometido. Para Leonor y Félix el galán que está en la calle puede ser cualquiera de los dos pretendientes de Leonor; es por esta razón que los dos triángulos pueden ser reducidos a uno solo. Una vez más, lo que deja a estos triángulos sin resolver es que Félix desconoce la identidad de sus rivales; en cuanto a éstos, ellos no saben siquiera todavía que están envueltos en una situación triangular con Félix y Leonor.

La primera jornada de *Cada uno* ha servido para presentar en escena tres triángulos de la primera intriga y uno de la segunda. En la segunda jornada veremos en escena la materialización de los tres triángulos restantes.

La segunda jornada comienza con otro cuadro preparatorio. Primero, oímos de labios de Hernando que Leonor acaba de marcharse a Toledo donde se hospedará por unos días en casa de su prima Violante y, a continuación, nos comunican que Enrique ha sido ordenado ir a esa misma ciudad para hacer las pruebas de un futuro caballero de Santiago (que resultará ser Carlos). Félix decide acompañar a Enrique e insiste en que los dos han de ir a casa de un amigo suyo toledano (Carlos). Típicamente, Calderón hace que los dos galanes discutan hasta los detalles más pequeños de lo que es, claramente, un recurso técnico para hacer posible la presentación de dos situaciones triangulares:

Enrique-Félix-Carlos
Violante-Félix-Leonor.

Pero antes de presentar estos dos triángulos, Calderón nos ofrece la materialización del triángulo Leonor-Carlos-Violante.

Para el segundo cuadro de la segunda jornada, la acción de *Cada uno* se traslada a la casa de Violante en Toledo, donde se hospeda Leonor. Estando las dos damas solas, Carlos llega para proseguir el desenojo de Violante y se ve confrontado primero por Violante y luego por Leonor. Al final de la confrontación, Carlos y Leonor conocen la existencia del triángulo, aunque Carlos no comprende bien qué hace Leonor en casa de Violante, pero Violante ignora todavía que la dama que Carlos vio en Madrid es su prima Leonor.

Confuso y desorientado, Carlos sale de casa de Violante para encontrarse inmediatamente envuelto en otra confrontación triangular. Félix llega acompañado de Enrique; éste y Carlos se reconocen y ambos echan mano a las espadas; Félix, como buen amigo de los dos, se interpone. Irónicamente, los tres galanes, que deben formar un triángulo entre sí en escena, ignoran que exista una rivalidad triangular entre los tres por el amor de Leonor. Esto no lo descubrirán, como veremos, hasta la tercera jornada. Por el momento, cuando se descubre que Enrique ha venido a Toledo a hacer las pruebas de Carlos, los dos rivales convienen en hacer una tregua que durará hasta el momento en que Carlos recobre su honor. Después de confirmar la tregua, Enrique dice a Carlos que

> . . . para que veáis si os sirvo
> enviadme con Don Félix
> (pues en treguas es estilo
> el que haya mensajeros)
> todos aquellos avisos
> o papeles que os importen,
> memoriales y testigos . . . (1686a & b)

Una vez más, Calderón hace un esfuerzo para que las acciones de sus personajes aparezcan verosímiles. Parece como si tratara de ocultar bajo dos o tres capas de razonamientos los hilos con que maneja a sus personajes. Efectivamente, como mensajero oficial en las pruebas de Carlos, Félix podrá ir ahora, sin violentar la credulidad del público, a casa de D. Luis, que es el único testigo temido por Carlos a consecuencia de su comportamiento con su hija Violante. Una vez allí, es inevitable que se encuentre con Leonor y Violante. El último cuadro de la segunda jornada sirve precisamente para la presentación de esta confrontación triangular. Félix, llevando a cabo la comisión de Carlos, se encuentra primero con Violante, que supone que ha venido a visitarla, y con Leonor que inmediatamente tiene celos de su prima. El triángulo, sin embargo, está una vez más incompleto ya que Violante desconoce la relación entre Félix y Leonor.

Con esta situación acaba la segunda jornada de la comedia y con ella la presentación de las siete confrontaciones triangulares que marcan el desarrollo de la acción principal. Estas siete situaciones triangulares poseen una característica en común: en cada una de ellas hay por lo menos un personaje que desconoce la existencia efectiva del triángulo o la identidad de uno de sus componentes. Son, por consiguiente, situaciones triangulares que podríamos llamar « incompletas ». Los triángulos han de ser incompletos por tres razones principales: primeramente, porque mantienen de esta manera el interés de los espectadores hasta el final de la comedia, creando el suspense dramático esencial en este tipo de obras[3]. En segundo lugar, los triángulos incompletos proporcionan a la comedia su propio dinamismo. Los personajes mismos quieren descubrir las incógnitas que les rodean: Enrique quiere saber quién fue su atacante; Félix quiere descubrir la identidad de sus rivales; Violante quiere saber quién es la dama que Carlos vio en Madrid, etc. Finalmente, sirven para crear la ilusión de la superioridad intelectual de los espectadores, ya que éstos conocen la solución de todas las incógnitas que aturden y confunden a los personajes; además, los espectadores se dan cuenta de que Calderón, quizás para aumentar esta impresión de superioridad intelectual, ha dejado en la obra bastantes pistas para que los mismos personajes, con un poco de perspicacia, puedan resolver estas incógnitas por sí mismos. Al no hacerlo, cegados como están por sus pequeñas rivalidades y puntos de honor, los personajes de la comedia se degradan a la vista de los espectadores. Y la degradación del personaje es esencial para el humor[4].

El desarrollo de la tercera jornada está dictado por la necesidad de resolver todas las situaciones triangulares con la mayor economía posible. El método utilizado por Calderón en *Cada uno para sí* consiste en escoger de cada una de las intrigas principales, un solo triángulo de cuya solución dependa la solución de todos los otros.

Al concluir la segunda jornada existen dos conflictos importantes sin resolver en la primera intriga: el duelo entre Carlos y Enrique, y la desavenencia entre Leonor y Félix. Carlos y Enrique se enzarzarán en un duelo tan pronto como las pruebas concluyan, y Félix se niega a casarse con Leonor sin conocer la identidad de sus dos pretendientes. Estos dos conflictos, sin embargo, pueden ser reducidos a uno solo ya que, como vemos, los dos pretendientes desconocidos de Leonor son precisamente Enrique y Carlos. Tan pronto como Félix haga este descubrimiento, el duelo entre Enrique y Carlos se convertirá inevitablemente en un triple duelo. La solución de los dos conflictos puede ser enunciada, por lo tanto, en términos del triángulo Enrique-Félix-Carlos; un triángulo cuya base ha cambiado ahora: en vez de tener una situación triangular en la que dos rivales luchan por el amor de una dama, mientras que un tercero trata de separarlos, tenemos ahora a tres galanes rivalizando el uno contra el otro por el amor de esa dama.

Dos conflictos quedan también sin resolver en la segunda intriga: Violante se niega a perdonar a Carlos a causa de la desconocida dama madrileña (Leonor), y a olvidar a Félix. Pero una vez más, los dos problemas pueden ser reducidos a una

---

[3] Cf. pero la solución no la permita
hasta que llegue a la postrera escena,
porque, en sabiendo el vulgo el fin que tiene,
vuelve el rostro a la puerta y las espaldas
al que esperó tres horas cara a cara,
que no hay más que saber que en lo que para.
Lope de Vega, *Arte nuevo de hacer comedias en este tiempo.*

[4] Véase Arthur Koestler, *The Act of Creation,* (London, 1975), 53.

sola situación triangular. De una manera velada, Violante da a entender que si el galante Félix no hubiese aparecido en escena de manera tan oportuna en la primera jornada, ella ya hubiese perdonado a Carlos, aunque sólo fuese por interés. Esta es la impresión que dan sus palabras a Leonor en la segunda jornada, cuando cuenta el empeño en que puso a Félix:

> Y aunque le aborrecía [a Carlos],
> sentí no sé qué riesgo que tenía;
> si ya no fue querer mi desvarío
> salvar el suyo y condenar el mío;
> pues empeñando en él a un caballero,
> que galán forastero
> pasaba acaso, no me vi en mi vida
> más obligada o más agradecida. (1687b)

Uno queda con la impresión de que, una vez que Violante descubra que Félix ama a Leonor, el camino se allanará para una reconciliación entre ella y Carlos. Los dos conflictos, por lo tanto, pueden ser resueltos una vez más con la disolución de un solo triángulo: Violante-Félix-Leonor.

La tercera jornada comienza con un corto cuadro preparatorio en el que Enrique pide a su amigo Félix que le acompañe a casa de D. Luis para firmar un « dicho ». La excusa que da Enrique es que desconoce el camino. Es evidentemente otro recurso, quizás menos ingenioso que el utilizado en las otras jornadas, para conseguir que Leonor, Félix y Violante vuelvan a encontrarse. La confrontación triangular entre Leonor, Félix y Violante ocurre finalmente a orillas del Tajo. Félix acude allí llamado por una nota de Violante y se encuentra a las dos primas, tapadas con sus mantos, y acompañadas de sus doncellas. Al final de esta escena, Violante, a pesar de las negativas de Leonor, tiene la certeza de que su prima es la dama de Félix. La mitad del camino hacia la resolución de la trama principal ha sido ya recorrida.

Para recorrer la segunda mitad de este camino hemos de seguir a Félix hasta el arruinado castillo de San Cervantes. Una vez allí, Felix descubre la identidad de la dama por la que luchan sus dos amigos y el duelo se convierte en triple, pero es interrumpido por la llegada de la dama, su padre y demás personajes. Una vez que todos están en escena, Félix, forzado por las circunstancias, y satisfecho de la inocencia de Leonor, consiente en casarse con ella. La comedia puede ahora concluir.

La construcción de la acción principal de *Cada uno para sí* no obedece por lo tanto a leyes fortuitas ni es, en las palabras del crítico dieciochesco, confusa y cargada, sino que sigue un plan cuidadosamente preconcebido que tiene como primer objetivo la formación y presentación en escena, de una manera lógica y linear, de las siete situaciones triangulares que la componen. Una vez que el edificio triangular ha sido erigido en las dos primeras jornadas, la tercera sirve para su demolición. *Cada uno* no es una comedia de argumento, sino de situaciones, en la que intervienen varios protagonistas de igual importancia y cuyo desarrollo argumental es mínimo. El primer objetivo de la construcción triangular es conseguir que las dos intrigas que componen la acción principal sean indivisibles. Pero la construcción triangular está también, en cierto sentido, íntimamente ligada a la visión calderoniana del universo. El tejido de triángulos que, cual tela de araña, aprisiona a los cinco personajes de la acción principal, limita efectivamente su libertad de acción. La estructura triangular facilita de esta manera la presentación del tema calderoniano de la responsabilidad del hombre. En *Cada uno*, una acción irresponsable cometida por cualquiera de los personajes repercute por medio de la red triangular en cada uno de los otros. Al mismo tiempo, al desconocer la mayor parte de las relaciones binarias que componen esta red triangular, los personajes de una comedia de capa y espada se encuentran sumergidos en un mundo confuso, en un laberinto barroco en donde es difícil distinguir la realidad de la ilusión, y de donde parece difícil escapar[5]. Recién salido de una confrontación triangular en casa de Violante, Carlos no puede menos de exclamar:

> De confuso y de turbado,
> por no decir de corrido,
> sin atreverme a pasar
> adelante en mis designios,
> no veo la hora de salir
> deste ciego laberinto
> de amor, donde a cada paso
> luces toco y sombras piso. (1683a)

Sin embargo, en el teatro calderoniano, cualquier construcción, por artificiosa que sea, está necesariamente subordinada a la presentación en escena del tema de la obra. Y *Cada uno para sí* no es una excepción.

Para elucidar el tema de esta comedia será necesario distinguir desde un principio entre su moraleja o tema superficial y el tema verdadero o lección moral que los espectadores han de extraer al final. La moraleja de *Cada uno para sí* está expresada en su título, que es parte de un refrán de origen judeo-español: « Cada uno para sí, y Dios para todos ». Esto es, en esta vida uno no debe esperar ayuda o compasión de nadie más que de Dios. Y ésta es precisamente la moraleja que, mediante las acciones de los personajes, Calderón demuestra en escena. Queriendo universalizarla, el autor prueba la veracidad del refrán en tres niveles, cada uno de los cuales corresponde a cada una de las acciones que componen la trama de la comedia.

En la acción principal, o de los galanes, Calderón presenta en los personajes de Félix, Carlos y Enrique tres caballeros siempre dispuestos a sacrificarse el uno por el otro en cuestiones de dinero y amistad: Enrique ayuda generosamente al empobrecido Félix a desempeñar la ropa que su criado Hernando había perdido a las cartas; Carlos, al encontrar que Félix ha traido a su rival Enrique a su casa como huesped, considera las leyes de hospitalidad más importantes que su rencor; por otra parte, Enrique, habiendo compilado las pruebas de Carlos, rehusa la remuneración que le corresponde; finalmente, Félix no duda en pasar penalidades y sacrificios para evitar

---

[5] Esto es algo que tienen en común con los dramas. Véase A. A. Parker, « Towards a Definition of Calderonian Tragedy », *Bulletin of Hispanic Studies*, XXXIX (1962), 233.

el duelo entre sus dos amigos. En cuestiones de honor, dinero y amistad no hay galanes más desinteresados que estos tres; pero a la hora de la verdad, cuando ha de decidirse quién se ha de quedar con la dama que los tres solicitan, amistad y juramentos pierden su significado cuando los tres galanes luchan cada uno para sí en la escena del triple duelo.

Si en la acción principal se demuestra la veracidad del refrán en cuestiones de amor, en la de los viejos se prueba que no es menos cierto en cuestiones de interés y posición social. D. Luis y D. Diego, padres respectivamente de Violante y de Leonor, son dos hermanos que parecen quererse entrañablemente, hasta que ha de decidirse quién va a ser el suegro de Enrique. D. Diego está al principio ofendido con Enrique a causa de un encuentro callejero que tuvieron los dos cuando el galán rondaba a Leonor. Pero su actitud cambia radicalmente cuando D. Luis, que tiene planes respecto a Enrique y Violante, le dice que el « por su sangre es noble, y es / rico por un mayorazgo / que goza . . . » (1696a). En ese momento, D. Diego que antes no quería oír hablar de Enrique, decide que la única manera de recuperar el honor de su hija – honor que no se había perdido – es casarla con el adinerado y noble Enrique, ya que, como dice a su hermano,

> . . . en recelos de honor
> es necio, es cobarde, es ruin
> el que esperando a saber
> no le basta el presumir;
> mayormente cuando vos
> que es lo mejor me decís,
> y lo mejor lo apetece
> cada uno para sí. (1703a & b)

En cuestiones de interés y posición social, ni el amor entre hermanos, ni el sacrosanto concepto del honor, parecen ser suficientes para evitar que los dos viejos actuen cada uno para sí.

En un nivel más prosaico, la veracidad del refrán está también demostrada en la trama de los graciosos. Cuando Enrique le da a Juana un anillo como recompensa, Simón, a quien Juana acaba de declarar que ama, quiere saber si la sortija ha de ser repartida entre los dos, a lo que Juana responde, « Aunque te quiero Simón, / no te quiero Cirineo » (1668b) (que es un juego de palabras: Cirineo = sin dinero).

Con el otro gracioso, Hernando, Juana se porta igual. Cuando él le pide que le ayude a salir de un apuro en el que se ha metido a causa de su afición a los naipes, Juana, aunque dispuesta a dejarle el alma entera en cuestiones de amor, no piensa prestarle ni media « alma » en cuestiones de dinero.

La moraleja que Calderón demuestra en escena por medio de las acciones de los personajes es, por consiguiente, que en cuestiones de amor, o posición social, o dinero, todos actuan para sí. Esta es la situación que se obtiene con la aplicación del refran a la vida real. Pero Calderón va más allá de esto, y, activando la conciencia de su público, hace que los espectadores condenen este aspecto de la naturaleza humana que hace que hermano luche contra hermano, prima contra prima, y amigo contra amigo. El triángulo que los tres galanes forman necesariamente en escena en el último cuadro de la comedia, sirve no solo para desmoronar de un golpe certero la estructura triangular, sino también para refutar la moraleja inmoral de la comedia. En efecto, la posición en que se encuentran los tres galanes es absurda e imposible. ¿ Cómo puede cada uno de ellos ser el primero en luchar contra cada uno de los otros dos ? Como Carlos dice, « Una pretensión de tres, / ¿ cómo podrá mantenerse ? » (1702b). La solución nos la da el galán Antonio, el equipolente de Félix en *Cuál es mayor perfección*:

> Pues puesto que el reñir fuera
> ya para enemigos tarde,
> y para amigos apriesa,
> hayámonos a razones. (1641a)

Cada uno para sí puede parecer superficialmente una comedia en que los personajes se embarcan en una « vacación moral », que representa un abandono temporal de la moralidad ortodoxa, y que por su misma improbabilidad es cómica[6]. En el fondo, sin embargo, resulta ser una « excursión moral », durante la cual el dramaturgo explora la moralidad de una situación o actitud particular sobre la que emite un juicio inequívoco al final[7].

Todo el enredo de *Cada uno* podría haberse evitado si, desde el principio, Félix hubiese creído en la inocencia de Leonor y hubiese tenido el valor suficiente para acabar su noviazgo clandestino[8]. Pero esto él no puede hacerlo porque tergiversa y malinterpreta la evidencia de los sentidos. Félix oye las acusaciones de D. Diego y la voz de Enrique en la calle, y esta evidencia le lleva a la conclusión de que Leonor es culpable. Toda la evidencia que posee Félix es evidencia de oído. Pero es que él no ha comprendido el significado del refrán que Hernando cita al comienzo de la comedia:

> ¿ Y qué haremos del proverbio
> de que palabras y plumas,
> todas se la lleva el viento ? (1661b)

Con típica ironía calderoniana, Hernando aduce este proverbio para persuadir a Félix de que no crea en la fidelidad de Leonor simplemente por la evidencia de sus cartas de amor *(plumas)*. Félix, claro, no le hace caso, estando seguro entonces del amor de su dama. Pero el refrán tiene una segunda parte. En él se aconseja que no se crea tampoco en la evidencia de las palabras. Al final de la comedia, Félix comprende la veracidad de este refrán y aprende que tras la engañosa apariencia de las palabras que ha oído, existe la verdad del soy quien soy de Leonor. En otro nivel, esto es precisamente lo que el espectador de la comedia aprende cuando

---

6 R. O. Jones, « *El perro del hortelano* y la visión de Lope », *Filología*, X (1964), 136.

7 Jack Sage, « The Context of Comedy: Lope de Vega's *El perro del hortelano* and Related Plays », *Studies in Spanish Literature of the Golden Age presented to E. M. Wilson*, ed. R. O. Jones (London, 1973), 265.

8 Véase A. A. Parker, « Los amores y noviazgos clandestinos en el mundo dramático-social de Calderón », *Hacia Calderón: Segundo Coloquio Anglogermano, Hamburgo 1970* (Berlin, 1973), 79–87.

Calderón hace que el tema real contradiga lo que parecen demostrar las acciones de los personajes; en otras palabras, el espectador reconoce que el tema verdadero de la comedia está en la refutación de la filosofía mundana del « cada uno para sí » del título que ha sido demostrado en escena a través de las *palabras* de los actores y de la *pluma* del autor.

La humildad coronada de las plantas de Calderón. Contribución al estudio de sus fuentes

Por Angel San Miguel

La primera escena de *La humildad coronada de las plantas* – auto sacramental que Calderón compuso para la fiesta del Corpus de Toledo en 1644 – posee el aire triunfal y festivo de un pregón olímpico: dos ángeles, acompañados por un coro musical, descienden solemnemente del castillo celeste trayendo en sus manos una corona que dejan suspendida en lo alto y que constituirá el premio, real y simbólico al mismo tiempo, para el vencedor. Así queda inaugurada esta « nueva lid » – como la llama expresamente Calderón. Sorprendidos ante los armoniosos ecos de la música van apareciendo en escena, uno tras otro, los participantes en el certamen. El estribillo musical repite una y otra vez el motivo central sobre el que el autor construye su obra:

> Venid, venid
> a coronaros en la nueva Lid,
> y formando lenguas las hojas
> de acentos el aire, que hiere sutil,
> para entrar al Divino Certamen,
> naced, brotad, creced y vivid[1].

Los competidores son personajes alegóricos representados todos ellos – caso único entre los autos calderonianos – por una serie de plantas: el Espino, el Moral, el Laurel, el Olivo, la Encina, el Almendro, la Espiga y la Vid; árbitro y juez de la competición será una exótica planta extranjera, superior a todas las demás: el Cedro. Sólo él conoce el significado de la corona que pende de lo alto y que ganará el vencedor, obteniendo así el reino sobre las demás plantas. El Cedro pide los memoriales a los demás personajes y la competición da comienzo.

Todas las plantas se creen con méritos suficientes para conseguir el trono sobre las demás, a excepción del Moral y de la Vid y la Espiga, aquél precavido por la prudencia, virtud de que es símbolo; éstas advertidas por la conciencia de su inferioridad física en relación al resto de las plantas. Piedra de toque para los púgiles de esta « contienda divina » será bien pronto el reconocimiento o no reconocimiento de la personalidad del Cedro, símbolo al mismo tiempo de la Trinidad divina y de la Divinidad de Cristo. Tras una serie de disputas con las plantas más pretenciosas el Cedro es atacado por el Espino, símbolo del judaísmo, y cae sangrante en brazos

---

[1] Calderón de la Barca: Obras (teatro doctrinal y religioso). Edición, prólogo y notas de Angel Valbuena Prat, Barcelona 1972 (primera ed. 1966), p. 599.

de la Vid y de la Espiga, ocasión de que se sirve para prometer a ambas el reino sobre las otras plantas y la obtención de la corona, como ocurre, en efecto, al final del auto, pues, como nuevamente dice el Cedro:

Solamente la humildad
merece tan alto Bien;
y así, coronada en Vid
y en Espiga la veréis[2].

El resto de los personajes recibe cada cual el premio o el castigo correspondiente a la calidad de su actuación. El auto finaliza con una apoteosis en la cual la Espiga y la Vid aparecen triunfantes y convertidas en las especies eucarísticas de pan y vino.

Hasta aquí el resumen de este auto incluído ya en la recopilación realizada por Pando y Mier en 1717 y de cuya autenticidad no puede dudarse, ya que, según Angel Valbuena Prat, « se conserva el manuscrito autógrafo de Calderón en la Biblioteca Nacional de Madrid (Departamento de manuscritos, signatura R 72) »[3].

La inmersión de las plantas como personajes alegóricos de su auto la justifica Calderón aduciendo tres tipos diferentes de razonamiento; primero un argumento filosófico: las plantas tienen también alma, si bien « alma vegetativa »[4]; segundo un argumento de origen literario-retórico: el uso de las plantas está permitido por « poéticas licencias / y retóricos preceptos »[5]; tercero un argumento teológico-escriturístico: así como un árbol fue la ocasión del « primer delito » que se cometió en el mundo – el pecado original –, así también otro lo será de su salvación. Metamorfoseando un pensamiento paulino[6] y parafraseando al mismo tiempo textos medievales incluídos en la liturgia, como señala certeramente Hans Flasche[7], explica Calderón:

que por donde vino el daño
venga también el remedio[8].

Estas explicaciones parecen indicar que la inclusión y el simbolismo de las plantas en este auto sacramental quedan así básicamente justificados. Que Calderón reelabora en *La humildad coronada de las plantas* fuentes muy concretas, sobre las que guarda absoluto silencio, parece haber pasado prácticamente desapercibido. Louis Riccoboni, al resumir en 1738 el argumento del « Auto sacramental de las Plantas »[9] – como él lo denomina – no se refiere para nada a las posibles fuentes

---

2 Id. Id. p. 601.
3 Id. « Prólogo » de A. Valbuena Prat, p. 79–80.
4 Id. Id. p. 559 y 566.
5 Id. Id. p. 567.
6 En la primera carta a los Corintios, cap. 15, versos 21–22 se dice: « Porque como por un hombre vino la muerte, también por un hombre vino la resurrección de los muertos. Y como en Adán hemos muerto todos, así también en Cristo somos todos vivificados. »
7 Véase su artículo: « Calderón als Paraphrast mittelalterlicher Hymnen » en *Calderón de la Barca.* Herausgegeben von Hans Flasche, Darmstadt 1971, p. 454.
8 Calderón de la Barca: Obras (teatro doctrinal y religioso), edición citada p. 567.
9 Véase su obra: *Réflexions historiques et critiques sur les différents théâtres de l'Europe,* Paris 1738, p. 69–72.

aquí aludidas; antes bien la singularidad que le atribuye[10] es un indicio lo suficientemente claro, como para pensar que las ignoraba. Más comprensible es que no se detuviera en el asunto Eduardo González Pedroso al mencionar *La humildad coronada* sólo de paso en su prólogo a los « Autos sacramentales » (1865)[11]. No ocurrió lo mismo con uno de los traductores alemanes[12] de Calderón; versado en la Biblia, como teólogo, el canónigo y doctor Franz Lorinser en sus « Erläuternde Vorbemerkungen » antepuestas a su versión de *La humildad coronada* señala la fuente principal sobre la que se basa el mencionado auto calderoniano con toda precisión: dicha fuente se encuentra, como indica Lorinser, « im Buche der Richter (Kap. 9) »[13]. Si sólo se atreve a darla como posible, ello se debe a los profundos cambios que el dramaturgo español introdujo respecto al mencionado pasaje del libro de los Jueces. Las palabras de Lorinser no pueden ser más prudentes: « Die Idee zu dem nachstehenden Auto *(La humildad coronada de las plantas)* . . . mag dem Dichter wohl zunächst aus der bekannten Parabel des Joatham im Buche der Richter (Kap. 9) gekommen sein, obgleich er die Bedeutung derselben völlig verändert hat »[14].

El hecho de que la mención de dicha fuente – el traductor alemán no hace ninguna otra clase de análisis – ocurriera en una traducción a un idioma extranjero por un lado, y el relativo olvido en que – con o sin razón[15] – ha caído el auto de Calderón que nos ocupa por el otro, ha llevado consigo el que la indicada fuente haya pasado inadvertida en las posteriores referencias a *La humildad coronada*. Miguel Lastarría sigue aún en 1961 sin conocerla, de otra forma sería inexplicable que la hubiera silenciado en su apartado « Símbolos escogidos » donde, sin mucho acierto, intenta destacar « el origen de algunos simbolismos utilizados por

---

[10] Id. p. 69.

[11] Véase: *Autos sacramentales. Desde su origen hasta fines del siglo XVII.* Colección escogida, dispuesta y ordenada por don Eduardo González Pedroso, Madrid 1865. La mención de *La humildad coronada* ocurre en la p. LII del « Prólogo del colector ».

[12] Antes de Lorinser, como se verá, el descubridor de la fuente, había traducido ya Joseph Freiherr von Eichendorff el mismo auto calderoniano bajo el título: « Der Waldesdemut Krone ». Dicha traducción se encuentra en el tomo III de Eichendorff: *Werke und Schriften*, Stuttgart 1958, p. 851–899.

[13] Véase: Don Pedro Calderons de la Barca *Geistliche Festspiele*. In deutscher Übersetzung mit erklärendem Kommentar und einer Einleitung über die Bedeutung und den Werth dieser Dichtungen herausgegeben von Dr. Franz Lorinser, Band 7 und 8, Regensburg 1883 (zweite Ausgabe) S. 201.

[14] Id. Id. p. 201.

[15] Alexander A. Parker siente un claro desdén por « La humildad coronada . . . » dentro del conjunto de los autos sacramentales. La alegoría de que Calderón se sirve le parece « ingeniosa – casi nos atreveríamos a ir algo más lejos y decir que es pintoresca –; pero, en el aspecto dramático, carece de vida y es inoperante y retorcida. » (*Los dramas alegóricos de Calderón* (traducción fragmentaria al español, por Carlos R. de Dampierre, del libro de Parker: *The Allegorical Drama of Calderón*, Oxford-London 1943) en: *Escorial*, núm. 42, abril 1944, p. 211. Por contraposición a él alaba Miguel Lastarría « la audacia de la alegoría » de *La Humildad coronada* (Véase su artículo: « 'La humildad coronada de las plantas' de Calderón de la Barca » en *Finisterre* (Santiago de Chile), 8, 32, año 1961, p. 67).

Calderón »[16]. Más sorprendente aún es el hecho de que en una edición reciente de *La humildad coronada de las plantas* y debida a uno de los calderonistas españoles más prestigiosos, Angel Valbuena Prat, continúe sin aludirse siquiera a dicha fuente bíblica. Efectivamente, ni en el amplio prólogo dedicado al « Teatro doctrinal y religioso » de Calderón ni en las casi tres páginas especialmente centradas en *La humildad coronada*[17] se menciona para nada el problema de las fuentes. Son éstas razones suficientes para suponer que el problema aquí planteado sigue siendo desconocido al menos en el mundo de habla hispánica – y posiblemente no sólo en él.

Como tímida o prudentemente señalaba Lorinser hay en el Antiguo Testamento una « fábula »[18] – Lorinser la llama « Parabel » – tan insólita[19], al parecer, como el auto calderoniano, en la que sin duda alguna se inspiró Calderón para el motivo central de su « Humildad coronada . . . ». La fábula dice así: « Pusiéronse en camino los árboles para ungir un rey que reinase sobre ellos, y dijeron al olivo: Reina sobre nosotros. Contestóles el olivo: ¿ Voy yo a renunciar a mi aceite, que es mi gloria ante Dios y los hombres, para ir a mecerme sobre los árboles ? Dijeron, pues, los árboles a la higuera: Ven tú y reina sobre nosotros. Y les respondió la higuera: ¿ Voy a renunciar yo a mis dulces y ricos frutos para ir a mecerme sobre los árboles ? Dijeron, pues, lo árboles a la vid: Ven tú y reina sobre nosotros. Y les contestó la vid: ¿ Voy yo a renunciar a mi mosto, para ir a mecerme sobre los árboles ? Y dijeron los árboles a la zarza espinosa: Ven tú y reina sobre nosotros. Y dijo la zarza espinosa a los árboles: Si en verdad queréis ungirme por rey vuestro, venid y poneos a mi sombra, y si no, que salga fuego de la zarza espinosa y devore a los cedros del Líbano »[20].

A pesar de que Calderón ha variado y ampliado considerablemente el contenido de la fábula bíblica según su propia conveniencia, no puede caber duda de que el motivo central de su auto sacramental « La humildad coronada de las plantas », es decir la elección de un rey que gobierne sobre las demás, se remonta al citado pasaje del libro de los Jueces. (Si hubo o no hubo entre Calderón y la fuente bíblica otros eslabones intermedios es algo que, en el estado actual de la investigación, está en penumbra.) Calderón incluye en su auto, a excepción de la higuera, todo el resto de las plantas mencionadas en la fábula bíblica, es decir el olivo, la vid, la zarza

---

[16] Lastarría, art. cit., p. 66–67.

[17] Véase Calderón de la Barca: *Obras (teatro doctrinal y religioso)*, etc., en particular p. 79–82.

[18] Se emplea aquí la terminología del escriturista italiano Gaetano M. Perrella (o la de su traductor español Juan Prado) en: *Introducción general a la Sagrada Escritura*, Madrid 1954, p. 285, nota 17.

[19] Según la mencionada obra de Perrella parece que en toda la Biblia sólo hay dos fábulas de este tipo, una la del « espino del Líbano que pide a la hija del cedro por esposa para su hijo » (2° libro de los Reyes 14, 9), la otra la que ha servido de base al auto calderoniano (op. cit. p. 285, nota 17).

[20] Cito por la siguiente edición de la Biblia: *Sagrada Biblia*, versión directa de las lenguas originales por Eloíno Nácar Fuster y Alberto Colunga, novena edición, Biblioteca de Autores Cristianos, Madrid 1958, p. 266.

espinosa y el cedro. Con objeto de poder desarrollar la materia teológica que desea exponer a sus espectadores, añade además, aprovechando símbolos en general bastante conocidos, cinco plantas más: el Moral, el Laurel, la Encina, el Almendro y la Espiga. El antagonismo entre el Espino y el Cedro, tal y como se presenta en el auto calderoniano, aparece prefigurado en el último versículo del pasaje del libro de los Jueces. Además de estas coincidencias fundamentales podría señalarse otra que no por ser más superficial carece de interés. Se trata de que tanto las plantas del texto bíblico como las del auto calderoniano, para la elección de su rey, están continuamente de camino. El pasaje del libro de los Jueces comienza diciendo: « Pusiéronse en camino los árboles . . . »; en el auto calderoniano se alude una y otra vez a esta misma circunstancia. Para que puedan caminar, Calderón liberta a sus plantas de « la prisión de las raíces »[21], ya que deben « discurrir »[22] al valle y « penetrar »[23] el monte. La Encina invita al Almendro a marcharse con ella (« Ven, almendro, conmigo »)[24] y el Almendro acepta respondiendo: « Yo nunca atrás me quedo; ya te sigo »[25]. En el curso de la acción vuelven a reaparecer todas las plantas caminando en busca del Cedro[26] en una dimensión simbólica que no podía tener, claro está, la fabulita del libro de los Jueces, pero que no deja de remachar coincidencias. Lo decisivo es que el núcleo fundamental en ambos textos, la búsqueda de un rey para las plantas, está presente tanto en el pasaje bíblico como en el auto de Calderón.

Ahora bien, la mencionada fábula del libro de los Jueces constituye sólo uno de los pilares sobre los que descansa la acción de « La humildad coronada . . . ». El otro pilar es también un motivo de orígen bíblico; aparece repetidamente en diversos libros del Antiguo Testamento, particularmente en los Salmos[27] y, ya dentro del Nuevo Testamento, en el « Magnificat » del evangelio de Lucas, es decir en el himno puesto en labios de María cuando visita a su prima Isabel. Pero no se trata de todo el himno, sino de un solo versículo del mismo, que dice así: « Deposuit potentes de sede et exaltavit humiles »[28]. Texto y motivo especial eran del dominio común en la iglesia, en la liturgia, en la predicación.

Con todo hay razones suficientes para pensar que la fusión de uno y otro motivo, tal y como se realiza en el auto sacramental de Calderón, no sucede por línea directa; es decir, probablemente no fue Calderón el que unió sin más el motivo del « rey de las plantas » extraído del libro de los Jueces, con el motivo de la « humildad ensalzada » tomado del evangelista Lucas. Antes de Calderón se habían fusionado ya un componente del motivo primero con todo el motivo segundo. Ello sucede, con proximidad a Calderón, en un emblema que Georgette de Montenay recoge en su

[21] Calderón de la Barca: *Obras (teatro doctrinal y religioso)*, etc. p. 561.
[22] Id. p. 561.
[23] Id. p. 561.
[24] Id. p. 561.
[25] Id. p. 561.
[26] Id. p. 582 ss.
[27] por ejemplo en el Salmo 33, 19.
[28] Lucas 1, 52.

libro, ampliamente difundido, « Monumenta emblematum christianorum virtutum . . . » del año 1571 (reedición 1619). Dicho emblema, incluído asimismo por Albrecht Schöne en su ya famosa obra[29] representa gráficamente el funesto destino que, según una tradición que se remonta hasta Esopo, corre un soberbio árbol ante los empujes del viento, mientras que una humilde planta a su lado resiste sin peligro sus furiosos ataques. En el mismo emblema se puede leer una glosa muy gráfica y simbólicamente distribuída entre la parte superior e inferior del dibujo. En la parte superior, precisamente en el hueco vacío que deja al derribarse el corpulento roble, aparecen las primeras palabras de la mencionada frase del *Magnificat*: « Deposuit potent(es) » – las dos últimas letras son ilegibles a causa del grabado –; en la parte inferior, junto a la endeble planta que se balancea sin peligro al compás de las ráfagas del viento, sigue la glosa « et exaltavit. »

De la combinación entre uno y otro motivo surge la acción y el argumento del auto calderoniano, como queda indicado en su mismo título: *La humildad* (relación al texto de Lucas y al grabado del emblema) *coronada* (alusión al motivo del libro de los Jueces) *de las plantas* (alusión al texto del libro de los Jueces y juntamente al emblema).

[29] Para el título completo de la obra de Georgette de Montenay, véase Albrecht Schöne: *Emblematik und Drama im Zeitalter des Barock*, München 1964, p. 237. A. Schöne incluye dicho emblema en la p. 79 de su obra.

La dramatización del Tiempo en el auto *Los alimentos del hombre*

Por L. J. Woodward

Resulta natural que le preocupe a Calderón el problema del tiempo – sobre todo en los autos. Pero en ninguno – que sepa yo – lo presenta con tanto éxito como en *Los alimentos del hombre*. En éste lo que impresiona es la concretización del tiempo en términos dramáticos. Por ejemplo en otro auto, *El día mayor de los días*, el Humano Ingenio, guiado (o más bien despistado) por el Pensamiento, busca saber lo que es el tiempo. El Pensamiento le ofrece varios perogrulladas:

> no hay tiempo para él pasado,
> ni futuro; de manera
> que tiempo presente es todo.

Calderón presenta el tiempo como « mayor maestro nuestro », y se le da al Humano Ingenio « la docta lección del Tiempo » por este profesor, y aprende el Humano Ingenio que en la ausencia de Dios

> es con su poder Alcayde;
> pues como Causa segunda
> es él quien hace y deshace.

Para lo que propone Calderón en *El día mayor* tal discusión intelectual le sirve perfectamente, y quedamos deslumbrados por la sutileza y la verdad de la alegoría. Pero faltan los efectos visuales de los que hace uso en *Los alimentos*.

Los primerso 4 versos de la Loa anuncian el problema con el que se enfrenta:

> Que Dios mejora las horas
> es tan sagrado problema,
> como que de sus piedades
> se valgan las culpas nuestras.

Sabemos en términos generales lo que significa *problema*, pero Calderón nos dramatiza lo que es en términos precisos: es una cuestión que se puede defender negativa y afirmativamente, con razones en pro y en contra. Para concretizarlo 6 hombres mantienen la contra y 6 mujeres el pro. La discusión está al punto de reducirse en mera contienda, cuando se sugiere remitirlo a la experiencia (v. 64) y la dramatización de esta experiencia ocupa la mayor parte de la loa.

Para empezar volvamos a los 4 primeros versos. « Mejorar las horas » tiene 2 sentidos – el legal y el teológico. Del punto de vista de la ley quiere decir que un padre deja a su hijo más herencia que lo que prescribe la ley testamentaria. En sentido teológico quiere decir que sirve el tiempo entero a descubrir la voluntad de Dios en la redención del hombre. No hace falta discutir la importancia de estos dos sentidos en un Auto que trata del destino de los dos hijos de Dios: Adamo y Emmanuel. Los 2 versos siguientes implican el concepto de la *felix culpa* que tanto encantaba a la patrística (concepto que hace explícito Calderón en el v. 238). Se define en seguida la *felix culpa* en los vv. 9–10,

> que en las horas mesmas
> que le vino el daño, le vino la enmienda,

y al oirlo el Hombre Primero interrumpe la música expresando sus dudas, y se entabla la discusión del *problema*. Hemos llegado pues a lo esencial: la relación entre el tiempo y la eternidad. Se puede decir (aunque sin precisión) que coinciden en la eternidad el pecado de Adamo y la vida y muerte de Cristo. Lo expresa mejor San Agustín en el *De Trinitate* (II. v, 9):

> Quae plentitudo temporis cum venisset, misit Deus filium suum, factum ex muliere, id est factum *in tempore*, incarnatum Verbum hominibus appararet; quod in ipso Verbo *sine tempore* erat, in quo tempore fieret. Ordo quippe temporum in aeterna Dei sapientia sine tempore est.

Para los instruidos tales ideas son corrientes, pero ¿ cómo concretizarlos en prácticos conceptos ? ¿ Qué vemos en el tablado ? Refiérase a la primera acotación*. Un pirámide, símbolo complejo – como en Góngora – del tiempo y de la angustia del hombre ante la eternidad. Encima de éste hay un reloj de sol, símbolo bastante banal del deseo humano de medir las horas para que el tiempo nos facilite la vida. Manda Calderón que se construya este reloj de sol para que « pueda dar vueltas » – y pasamos en seguida de un ambiente de símbolos anticuados y gastados en un mundo teatral de metáforas vivas. Para que un reloj de sol sirva para medir las horas es imprescindible la inmobilidad del reloj. Un reloj de sol que da vueltas no sirve para el caso. Alrededor de este símbolo complejo – que indica a la vez la *posibilidad* y la *imposibilidad* de medir el tiempo – de reducir el tiempo en una serie sencilla aritmética – alrededor danzan doce actores que llevan los números desde I hasta 6. La palabra « muestra » en el v. 6 refiere al cuadrante del reloj de sol, y el propósito del sol es probar que en las horas mesmas en que ocurrió el daño del hombre ocurrió simultáneamente la enmienda.

Delante de este símbolo se va a escenificar el *problema*: su pro y su contra. Pronto llega la discusión al punto decisivo (vv. 53–5). Sostiene la Mujer que la misma será mañana la hora de ahora, y le contradice el hombre con buen sentido común:

> *Como* ella
> sí; mas no ella, que no puede
> ser, que hora pasada vuelva.

---

* Hallará el lector las acotaciones como apéndice (p. 128).

Y como resulta tantas veces en tales discusiones llegamos a la distincción entre esencia y accidente. (En paréntesis – la palabra *estancia* en el verso 57 tiene cierto sentido en el contexto, pero creo probable que debe ser más bien *esencia*). Parece insostenible la opinión de las Mujeres 4 y 5, pero hay autoridades – accesibles a Calderón – que la apoyan. Simplicius en su *Comentario* sobre la física de Aristóteles[1] registra unas frases de un discípulo del filósofo, Eudemo, que rezan:

> Se disputa sobre si o no una hora pasada puede volver. Parece que en el sentido de especie eso ocurre – por ejemplo el verano, el invierno, y las otras estaciones del año se repiten. De la misma manera se repiten movimientos de la misma especie cuando el sol pasa por los solsticios y los equinocios. Y si se acepta lo que sostienen los pitagóricos cuando insisten que se repiten las mismas cosas en cuanto enumeradas, hay que aceptar que en el porvenir yo, sentado así, iré repitiendo el mismo discurso. Y además podremos añadir que la hora será idéntica. Porque en un movimiento que es único, como también en un movimiento en el que intervienen muchas cosas que son idénticas, el antes y el después resultan idénticos, como lo son también su número. Porque como todo es idéntico, lo debe serlo también el tiempo.

Otros filósofos, como Alcmeon de Crotona, y tal vez Parménides, han compartido esta opinión. Sin embargo se la halla en tradiciones más céntricas que la pitagórica. El libro IV de la *Física* de Aristóteles nos proporciona las definiciones del tiempo que necesitamos para comprender esta sección de la Loa, y San Tomás de Aquino la comenta con aprobación en su comentario sobre la *Física*. Escribe Aristóteles:

> El tiempo sirve para medir el movimiento, según el antes y el después[2].

Sigue Aristóteles:

> El tiempo no es el movimiento, es el aspecto del movimiento que nos permite enumerarlo.

Comenta Santo Tomás esta conclusión en su Lectura 17, y concluye que el tiempo es un número[3]. Otra cita de Santo Tomás, y podremos volver a la Loa. Insiste en la *Summa* que sólo podemos conocer la eternidad por medio del tiempo –

> ita in cognitionem aeternitatis oportet nos venire per tempus, quod nihil aliud est quam numerus motus secundum prius et posterius[4].

Es decir que es la *ahora* del tiempo *(nunc fluens)* que nos muestra la ahora de la eternidad *(nunc stans)*. Para él la duración que experimentamos en horas sucesivas es sostenida por la duración eterna, o dicho de otro modo, nuestra duración es el *mobile* proyectado por el *immobile*. Ya tenemos todos los elementos que ayudan a interpretar los prácticos conceptos de la primera acotación. Teniendo en cuenta tales generalizaciones filosóficas, volvamos a los primeros versos. El sujeto de los verbos en los versos 1–9 es el Sol. Siendo planeta el Sol subsiste en el eón – es decir es

---

1 Simplicius *In Aristotelis Physica*, ed. Diels, p. 372.

2 *Physica*, IV, II. 219b1.

3 *Expositio in VIII libros Physicorum Aristotelis*, Lect. 17, para. 581.

incorruptible y tiene aspectos de la eternidad[4]. Esta eternidad, pues, va a hablar con el hombre por medio de la *muestra* (o sea un aparato inventado por el hombre para medir el tiempo), diciéndole que cumpla y cuente las piedades de Dios y las culpas del hombre. A fuerza de esta comunicación solar intenta probar al hombre

> que en las horas mesmas
> que le vino el daño, le vino la enmienda.

Esto lo canta la música, y sigue entre las horas del hombre la discusión formal del problema hasta llegar a la esperada distinción entre esencia y accidente. Miremos otra vez al tablado – en ello vemos dos instrumentos que nos permiten medir el tiempo – el Sol y el reloj de sol. Santo Tomás nos explica[5] que mientras la eternidad (en este caso el Sol) mide la existencia misma (« est propria mensura ipsius esse ») el tiempo mide el movimiento (« tempus est propria mensura motus »). En el mismo artículo se enfrenta Santo Tomás con la unidad del tiempo, y después de rechazar varias soluciones imperfectas, insiste, siempre siguiendo a Aristóteles, que

> la verdadera razón de la unidad del tiempo es la unidad del *primum mobile.* No sólo es el tiempo la medida de éste, sino es también un accidente suyo, y así se explica que de éste se recibe su unidad.

Lo doy en latín, dado el caso de que no sea exacta mi traducción:

> Ergo tempus ad illum motum comparatur non solum ut mensura ad mensuratum sed etiam ut accidens ad subjectum, et sic ab eo recipit unitatem.

Y ahora podemos de manera provisoria comentar los versos más difíciles – los vv. 57–8. En cuanto a *esencia,* el tiempo es unidad – o sea – es eternidad. En cuanto a *accidente* es una serie de números que indican un antes y un después. Y nos damos cuenta de que tenemos delante de los ojos una dramatización casi exacta de una proposición de Aristóteles comentado así por Santo Tomás en su *Expositio* sobre la Física:

> El tiempo es nada más que el enumerar el movimiento en cuanto a antes y después. Porque percibimos el tiempo cuando enumeramos el antes y el después en un movimiento.

Es decir, para poner un ejemplo, que enumeramos cierta hora diciendo que son las II de la mañana del día 3 de octubre. En sus *accidentes* esta hora nunca puede repetirse, pero como *esencia* tal enumeración no tiene sentido.

Se divide en 2 secciones la Loa: la danza *sin* coger las cintas que hacen girar el gnomon y indican las horas, y la danza *con* cintas. Es la segunda parte la prueba experimental, visual, de la solución del problema de la primera parte. Los hombres representan las penas, las mujeres las dichas. Lean la segunda acotación, y tomemos

---

[4] *Summa* Ia. 10. I.
[5] *Summa* Ia. 10. 6.

como ejemplo el primer hombre y la primera mujer. Para actuar los dos se adelantan juntos: es decir que ve el público que coinciden en la primera hora una pena y una dicha. Los versos las definen: a la hora de prima entró Adamo en el Paraíso que iba pronto a perder, y en la *misma* hora entró triunfante en Jerusalén el Segundo Adamo para empezar la Pasión que restaurase al primer Adamo. Es decir que vemos junto, simultáneamente, la creación del hombre, su caída, y la Pasión de Cristo que hace posible su redención. Nos asombran los menores detalles, por ejemplo el v. 110: « no más de para perderlas » que se refleja en el verso siguiente « Por esso para ganarlas ». En esta segunda parte de la Loa toda la historia del hombre se reduce a un día – el día viernes – y el día viernes está reducido a las horas canónicas. Sería difícil imaginar una fórmula más apropriada para expresar en palabras lo que vemos en el baile. La iglesia dispone que las oraciones de las horas canónicas se sucedan día tras día a las mismas horas. El día litúrgico y el año litúrgico es un mecanismo por medio del cual la iglesia aprovecha del tiempo para santificar al hombre y guiarle hacia la eternidad. Sale con éxito el experimento, el hombre que dudaba resulta convencido, y todos confiesan (v. 250) la verdad que ilustra.

Pero hemos omitido gran parte de lo que ve el público. El intelecto del hombre, para facilitar la vida en el tiempo, inventa relojes de sol para medir el tiempo. Es decir la unidad del tiempo, representado por el Sol, se atomiza en una serie de números, medida por la sombra que proyecta el gnomon del reloj del sol. Las cintas que toman las horas bailadoras dependen de este gnomon, y mientras danzan ellas da vueltas el gnomon, y por consecuencia, el cuadrante en el que está fijado. Es decir, las 12 horas del día que simbolizan los bailadores pasan en menos de 5 minutos mientras gira la sombra indicadora que echa el gnomon encima del cuadrante. Pero no ha terminado Calderón en fijar la exactitud de su metáfora kinética. Según la segunda acotación en este cuadrante faltan lo más esencial de una escala mensurable – líneas y números. Son las cintas movibles que señalan las horas según los pasos de los bailadores, que hacen, como escribe Calderón, « pabellón al reloj ». Sería útil imaginarlo petrificado, inmóvil. Veríamos un diagrama perfecto pero sencillo de nuestra experiencia irreflexiva del tiempo: una serie aritmética de números que dependen del sol. Pero una vez puesto en movimiento por la danza ofrece un símbolo dinámico de la definición más exacta de Santo Tomás: « tempus quod nihil aliud est quam numerus motus secundum prius et posterius ».

He querido demostrar que sirve la Loa para iniciar el público en las paradojas del tiempo humano – conocimientos básicos si va a comprender el asunto del auto que sigue. Este auto delinea aspectos del misterio de la Redención. Sólo queda espacio para indicar algunos de los aciertos de Calderón. El Padre de Familia tiene 2 hijos, Adamo y Emmanuel. A causa de su desobediencia echa de su casa a Adamo. Parte del castigo de Adamo será el de vivir en el tiempo, y el Padre llama a todas las divisiones del tiempo (es decir las crea con sus palabras omnipotentes). Horas, días, semanas, encerradas en las estaciones del año:

> ¡ Ah, en fin de las cuatro edades
> del año, en quien comprehende
> su entero círculo el sol !

se presentan delante del Padre para recibir sus instrucciones. Este les explica su propósito:

Que pues de horas, días, semanas
meses y años han de hacerse
los siglos, para que conste
los raros prodigios de éste
a los futuros seáis
testigos, de que en el breve
mapa vuestro reducir
intento a tiempo presente
el venidero.

Les explica que de sus 2 hijos, Adamo es su hijo mayor dentro del tiempo, y que Emmanuel es su segundo hijo, pero sólo en cuanto humano. En cuanto divino es coetáneo de su padre, y este último reduce toda la historia humano a un « en tanto », cuando rechazando a Adamo invita a Emmanuel que venga

a mi Alcázar
en tanto que al valle vuelves
de lágrimas a enjugarlas.

Es decir que simultáneamente con la caída del hombre Dios proyecta la Redención. Este plan providencial, concebida en la eternidad, ahora se dramatiza en la extensión del tiempo. Para este efecto las 4 estaciones que han aparecido juntos y atemporales delante de Dios se presentan sucesivamente en una devanadera que da 4 vueltas. Antes de la Incarnación, que se acerca al girar de la devanadera de las estaciones éstas ofrecen a Adamo los pesados útiles de su trabajo. Después de la incarnación las mismas estaciones le dan el pan y el vino de la Misa.

No es mi propósito (y no es de mi competencia) comentar la teología de este auto espléndido. Quise nada más que llamar la atención sobre la exactitud visual con la que dramatiza Calderón complejas ideas filosóficas.

Apéndice

Primera acotación:
Sobre una pirámide avrá un Relox de Sol, que pueda dar vueltas, y de su Gnomon han de pender unas Cintas, seis a una parte, y seis a otra, que a manera de lineas señalen las horas; y a los primeros Versos saldrán en dos Vandas los Hombres, y Mujeres con Tarjetas de los Números, danzando en torno al Relox.

Segunda acotación: Con esta repetición, aviendo tomado cada uno su cinta, de suerte, que venga a señalar el número de su tarjeta, quedan en rueda, haciendo pavellon al Relox; y baylando al rededor de él, quedan siempre los que representan los primeros.

Índice onomástico

Índice de obras de Calderón